Costco

海鮮料理

好食提案

 百萬網友都說讚！

**一次學會各式海鮮挑選、
分裝、保存、調理包、精選食譜110+**

U0020424

Costco 海鮮料理一次上手！

《Costco 肉料理好食提案》一書推出後，因為實用的分裝、保存、料理，將 Costco 大份量食材做了充分的運用，保證不浪費食材，又能做出極致美味，獲得大眾不錯的迴響。這次 Amy 又要帶來大家最愛的海鮮料理，過去一年中，超過 60 場的料理教學活動中，知道很多單身族或忙碌的上班族及煮婦們都希望學到更多的海鮮料理，除了照顧家人的健康飲食及滿足味蕾之外，希望在家也能輕鬆做出餐廳等級的各式海鮮料理。

海鮮料理的食材選購相當的重要！傳統觀念是活的最新鮮，但是價格不菲。拜科技進步之賜，將捕獲的海鮮採急速冷凍技術，讓海鮮的鮮度瞬間保留在最佳狀態，如此一來消費者可以用更親民的價格買到新鮮的海鮮。而 Costco 的各類海鮮正是採急速冷凍的方式，是採買海鮮的最佳選擇！

Costco 的海鮮明星商品有哪些？例如空運來的肥美鮭魚，捕撈後急速冷凍的小管、鮮蝦；來自北海道的生食級大干貝、帝王蟹腳等各式海鮮，其中已處理好的虱目魚肚、鯛魚背肉也受到大小朋友們的喜愛。但喜歡去 Costco 購買海鮮，大份量食材買了卻不知如何保存、處理、料理？著實令人困擾！

這次企劃的《Costco 海鮮料理好食提案》一書可說是以包山包海的概念，將大家喜愛的魚肉、蝦蟹貝類、冷凍海鮮，以及 Costco 暢銷的冷凍即食料理，變化出各式各樣的美味佳餚。將魚、蝦、蟹、貝、軟體頭足、海藻類，各類海鮮一次學會！超過 110 道的海鮮精選食譜，無論烘烤、煨煮、炙烤、蒸煮、水煮、燒烤、油炸、嫩煎與翻炒，跨界多國料理一應俱全！袋裝冷凍海鮮商品，發揮巧思變化出起司鱈魚漢堡、炸蝦口袋三明治、海洋風味披薩、花枝蝦餅燒烤串等全新菜色；美味調理包製作，蒲燒鯛魚玉子燒、酥炸土魠魚羹、肉燥乾煸四季豆、虱目魚丸什錦烏龍麵等輕鬆上桌！

本書內容除了有豐富的料理食譜之外，還有很多海鮮挑選及清洗保存方式、料理小技巧，希望大家看完這本書之後，人人都能變大廚呦！

Amy

Contents

料理常用道具

新手入門，你一定要知道的事！

料理中最重要的就是份量及比例。正確的比例讓新手一次就成功，錯誤的比例就算嘗試多次也很難成功！

（a）一般電子秤

當份量較多、又需要準確測量重量時，一般電子秤正好符合這個需求，且電子式的秤準確度較高，誤差也較小。

（b）精密電子秤

有時食譜中的材料會需要 1g、5g 這種較精密的克（g）數，一般電子秤大多沒有到這麼精密，這時精密電子秤就派上用場了，比起一般電子秤誤差值更小的精密電子秤適用於此。

（c）量匙

本書所提到的量匙份量皆以制式量匙為基準，1 大匙 15cc、1 小匙 5cc、1 茶匙 2.5cc。量匙幾乎是家家戶戶必備的好幫手，雖然精密度不比電子秤高，但是操作方法簡單而且取得容易，所以依然受到大家的愛戴！

食譜中的配方比僅作為參考數值，請依照個人喜好的味道做調整，不需要追求到完全的準確，調味後還是需要親自試吃，才能調整出個人喜愛的口味。

厲害的小幫手們，讓你下廚不慌張、省時又省力！

如果沒有他們的幫忙，就算有三頭六臂也忙不過來的！

（a）壓蒜器

將大蒜放入輕輕一壓，大蒜泥就完成了！不止不用剝皮、更不用弄得滿手都是，清洗也十分容易。

（b）肉錘

輕輕的捶打在肉排上，不但可以讓肉質變得更鬆軟，還能幫助肉排更加入味，是讓肉排變美味的好幫手唷。

（c）研磨器

不論是薑、蘿蔔，還是其他蔬果食材，只要用研磨器就可以迅速的得到食材研磨出來的泥！

（e）迷你刨絲器

刨絲器有分大小，不只能研磨起司，還能將蔬菜刨成絲；有了它再也不用切絲切到手痠了。

（c）削皮器

用刀子削皮總削的稜稜角角的，而且不知不覺浪費了好多能使用的材料。削皮器不但能削出比較漂亮均勻的表面，更能大幅減少食材的浪費，是料理的必備好夥伴。

在實際用途中，每種刀具都有其獨特的優點，好用的刀具及刀法都會影響烹飪的品質。

（a）食物專用剪

廚房中必備的專用剪刀，可分生食及熟食來使用，可剪蔬菜、水果、肉品、海鮮等食材。剪刀代替刀具，最大的好處是無需砧板，只要徒手就能剪切食物，有一把萬用不銹鋼廚房剪刀，即可輕鬆處理食材。

（b）削皮刀

適合將厚皮的白蘿蔔或芋頭去皮使用，也適用水果削皮、切割處理。

（c）鋸齒刀

大鋸齒刀適用於切蛋糕和麵包，小鋸齒狀水果刀較適合切富含水份水果，例如：柳丁、大番茄等。因鋸齒狀的設計，可讓水果的汁液較不易流下，不會流失水果原有的水份。

（d）日式廚刀

這是一把萬用刀，切片或切塊及切丁，連剁碎都好用，廚房最好用的刀非它莫屬。

（a）打蛋器
用於攪拌打發或拌勻材料來使用。

（b）萬用濾網
可當果汁網、濾油網、濾網等多用途使用。

（c）料理夾
無論是料理時的拌炒，或是餐桌上夾取佳餚都可使用。

（d）耐熱矽膠刷
耐熱矽膠刷是廚房的好幫手，料理或烘焙都會用上，將鍋子刷油或刷果膠液、蛋汁、奶油或糖漿都很好用！矽膠材質清洗方便且易保存，異於傳統毛刷有邊刷邊掉毛、保存不易及易有臭味的困擾。

量杯是烘焙與料理的測量好幫手。

（**a**）**小量杯**
方便量醬油或米酒等使用。

（**b**）**量米杯**
制式量米杯，可以取代其他的量杯，只要有電鍋都會附贈這個量米杯，適用於需要一定容量比例時使用。

（**c**）**大量杯**
適用於量杯功能外，還能當調理杯使用。

（a）冷凍專用保鮮膜

好市多必敗之一：具有粘性的保鮮膜，
用了這個保鮮膜分裝退冰，完全沒有
血水到處滴的困擾，因為這保鮮膜有
粘性，可以完全密封食物，無論是冷
藏保鮮或是冷凍保存都非常適用。

（b）密封式夾鏈袋

這款保鮮袋厚度很厚，將食物裝進袋
內拉緊封口拉鍊，即能讓封口完全密
封而達到保鮮之功用，可防止生鮮食
品腥味外散並確保冰箱乾淨清潔，適
用於冷凍保存或冷藏保鮮。

（c）烤盤紙

此為食物烹調專用紙，耐熱溫度為攝
氏 250 度。適用於烤箱、微波爐、舖
在蒸煮食品的容器裡使用，還能將肉
品或是乳酪等食材個別包裝再放入保
鮮袋裡，放入冰箱保存使用。

（d）真空包裝機

利用抽真空方式將食材分裝，冷藏或
是冷凍保存之外，也適用於各種乾貨
或調理包分裝使用。尤其外出露營或
野餐烤肉時，用真空包裝方式不只好
攜帶，也能確保食材的保鮮。

關於海鮮的保存

吃海鮮最重要的就是新鮮度！對現代忙碌的人來說，每逢週末假期就是到大賣場採購生鮮食品的大好時機，尤其 Costco 賣場內種類相當豐富，而海鮮不只新鮮，其大份量的包裝加上優惠的價格，也讓人相當滿意！不過，採買海鮮時也要做好全程的保冷措施，以及最佳的分裝保存及解凍方式，才能將海鮮最肥美鮮甜的滋味呈現在餐桌上。

一般新鮮的海鮮冷藏約可存放 1～2 天，建議購買回來後，可依照需求分切成適量大小塊，用食物保鮮袋或真空包裝做分裝冷凍保存。如能一次性大量做成調理包冷凍保存，可以有效且安全的延長保存期限，還能節省常常外出採買，和重複烹調時間及避免食材的浪費。

海鮮冷凍保存及使用技巧

● 海鮮通常一買回家,建議最好馬上做好分裝,可依照食用的份量多寡(用磅秤)或是料理的需求,先分切成適當的大小塊可方便日後取用及烹調,再裝入食物保鮮袋或真空包裝裡,盡量將海鮮以攤平不重疊方式擺放整齊,並將多餘空氣壓出後完全密封。壓出空氣這個步驟可讓海鮮達到真空狀態,可延長海鮮的最佳賞味期限,接著就放入冷凍庫平放保存。

● 海鮮冷凍保存大約可以達到 2 ～ 3 週(越早食用越好),分裝好的海鮮一定要標示儲存的日期,避免擺放過久無法在最佳賞味期使用完畢,反而造成食材的浪費。另外也可以在冰箱外頭貼一張清單表註明保鮮期方便確認。

● 海鮮的解凍方式非常重要,取出冷凍的海鮮絕對要避免溫差太大的常溫解凍方式,尤其是夏天時絕對不可以將冷凍海鮮用流動水沖洗方式進行解凍,反而會讓海鮮的鮮度大大流失。建議將冷凍海鮮於料理前幾小時(視海鮮的份量大小塊),先放至冷藏區進行低溫解凍,這樣的解凍方式才能讓海鮮達到保鮮。清洗海鮮(例如小管、帶殼帶頭的生蝦),夏天時一定要用冰水方式進行清理(一盆清水加入少許的冰塊),才不會因溫度急遽變化讓海鮮變質。主要是因為夏天的水龍頭流下的水溫較高,會造成海鮮的溫差過大,瞬間就會影響海鮮的品質!

調理包冷凍保存及使用技巧

● 一次性大量料理好的食物，如果要做成調理包保存，必須等食物完全降溫冷卻，然後在保鮮袋（也可以使用食物保鮮盒）上標示食材的品項／分裝日期／重量，接著將需求的份量裝入，將保鮮袋拉上只留下一個小洞口，食物盡量整齊平放，把多餘空氣壓出後密合保鮮袋放入冷凍庫保存。冷凍的調理包大約可存放 1 個月（越早食用越好），一樣可以在冰箱外頭貼一張清單表註明保鮮期確認。

● 調理包的解凍方式有：

1. 使用微波爐加熱解凍，將調理包放入適合微波用容器裡，把保鮮袋開個小洞口再進行解凍，解凍完後再將調理包食材倒入容器裡繼續微波加熱。

2. 料理的前一晚將冷凍調理包放到冷藏區自然解凍，再將已解凍的調理包料理倒入鍋中用瓦斯爐小火加熱。

3. 或是將調理包放入熱水中加熱（溫度不可過高，而調理包的包裝材質需是用於烹調加熱使用），只要軟化就可將調理包的食材倒入鍋中，一樣用瓦斯爐小火加熱。

海鮮料理技巧

要煎出完美的魚肉對很多人來說可是很大的挑戰！要如何煎出表皮香酥又不會黏鍋的魚？首先，魚肉經過清洗乾淨後，魚身兩面灑上少許的鹽靜置5～10分鐘（灑少許的鹽可讓魚肉更為緊實），讓魚身的黏液水份及雜質釋出後，再次洗淨擦乾。

煎魚時使用的煎鍋，一定要充分時間進行熱鍋，熱鍋後再加入油潤鍋，魚肉才可以下鍋香煎，全程建議使用中大火（火候不超過鍋身直徑），魚肉剛下鍋不可馬上翻動，待煎至表面金黃時，用鍋鏟可輕易推動魚身即可將魚翻面，這樣保證人人都能輕鬆煎出完美的魚。

Tips 3 　依照料理的菜色不同，其魚肉的切法也是這道料理美味的關鍵之一，除了料理整尾的魚，需要在魚身劃個二或三刀之外，可幫助魚肉均勻受熱煮熟，醬汁還能更加入味。像整片的魚肉切成片或是切細丁，在料理時就能輕鬆煮至喜歡的熟度，小小的切工在料理上更能為佳餚帶來美味呢！

Tips 4 　利用烘焙紙將魚肉及辛香料、蔬菜包起來一起烘烤，這是歐美常見的紙包魚料理，以烘焙紙包裹住可製造出水蒸氣烹煮的手法，這樣更能嚐到魚肉的鮮嫩口感，原汁原味的最佳料理，喜歡吃原食物飲食的朋友們絕不要錯過呦！

本書所列海鮮品項因產季不同，賣場販售種類而有所不同。
本書所列價格為 2018 年 8 月調查結果，實際售價以賣場標示為準。

01
魚類
Fish

鯛魚

鯛魚背肉是 Costco 熱門暢銷的魚肉商品之一，肉質細緻且鮮甜，無刺也無腥味，也沒有任何土味，是非常方便料理的食材。Costco 販售的魚下巴不只價格便宜份量又多，品質也非常新鮮，烤魚下巴、乾燒魚下巴、三杯魚下巴…料理時只需烤到外皮金黃酥脆，魚肉超軟嫩，非常鮮甜好吃喔！

冷凍區／鯛魚背肉（415/1kg） 冷凍區／鯛魚下巴（169/1kg）

挑選法

Costco 販售的鯛魚片或魚下巴是採真空包裝急速冷凍，品質穩定且乾淨衛生，要挑選未經解凍過的為佳。

保存法1 直接冷凍

通常 Costco 美式賣場販售的鯛魚背肉，都是一盒裡有三包分裝好的真空包裝，買回家後不需另外分裝，直接放入冷凍庫保存，使用前再解凍即可料理。

2～3週 冷凍保存 ｜ 放冷藏區 低溫解凍

保存法2 適量包裝

Costco 販售的鯛魚下巴都是一大包裝，稍微解凍可以分適量包裝，依照食用的份量多寡，裝入食物密封袋或真空保鮮袋裡。

2～3週 冷凍保存 ｜ 放冷藏區 低溫解凍

做成調理包

將鯛魚醃製煎熟冷卻後，可用食物保鮮袋做分裝保存，方便下次料理時快速上桌。製作方法請見 P22 蒲燒鯛魚。

2～3週
冷凍保存

自然解凍或
是以微波爐
解凍

這樣處理更好吃！

Tips 1

料理鯛魚背肉，選擇蒲燒口味的醬汁，烹煮讓魚肉入味，相當下飯又好吃！蒲燒醬汁製作方法請見 P22 蒲燒鯛魚。

Tips 2

清蒸魚其中好吃的祕訣之一，就是最後蒸好魚肉時，淋上滾燙的熱油，讓熱油將蔥綠的香氣釋放出來。

Tips 3

調製麻辣香油，香麻又微辣的醬汁搭配鮮嫩的魚肉，會讓人吃了停不下來呢！麻辣香油製作方法請見 P30 麻辣水煮魚。

鯛魚背肉

蒲燒鯛魚

我們常聽到蒲燒就會想到鰻魚，但近年鰻魚越來越難撈獲；

因此這道料理選擇了鯛魚片，取得上較為容易，

且魚身少了細刺食用時更加方便，不管是大朋友小朋友都非常適合這道料理喔！

食材／2 人份

- 鯛魚片 600g
- 白芝麻粒 (熟)

醃料

- 米酒 2 大匙
- 鹽 1 小匙
- 胡椒粉 ½ 小匙

蒲燒醬汁

- 醬油 3 大匙
- 米酒 3 大匙
- 味霖 2 大匙
- 醬油膏 1 大匙
- 細砂糖 1 大匙
- 水 1 大匙

作法

1. 鯛魚片洗淨後，用廚房專用紙巾擦拭水份，加入醃料抹勻並醃漬 10 分鐘。

2. 將蒲燒醬汁先調勻，備用。

3. 蒲燒醬汁倒入鍋裡，開中火煮滾。

4. 將醃漬好的鯛魚片下鍋。

5. 以鋪平方式避免魚片重疊，轉中小火慢煮。

6. 烹煮的過程中，用湯匙以淋醬方式讓魚肉燒煮入味。

7. 煮到醬汁變濃稠，時間約 25 ～ 30 分鐘就完成，熄火前，灑上白芝麻粒就可起鍋。

8. 蒲燒鯛魚冷卻後，可用食物保鮮袋做分裝保存當常備調理包，冷藏 2 ～ 3 天，冷凍 3 ～ 4 週。

Tips

醬燒過程中，淋醬這個步驟要慢慢來，因鯛魚肉片易碎，以淋醬方式可保持魚肉完整

蒲燒鯛魚玉子燒

玉子燒軟嫩的口感加上有層次的風味，一直以來都是主婦們深受喜愛的料理；
清爽的玉子燒配上濃厚風味的蒲燒鯛魚，看似衝突卻意外的 match 呢～

食材／2 人份

· 蒲燒鯛魚 1 片

蛋汁

· 雞蛋 3 顆
· 日式高湯 2 大匙
· 美乃滋 1 大匙
· 細砂糖 ½ 小匙
· 鹽 ¼ 小匙

作法

1. 將蒲燒鯛魚切長條狀，蛋汁所有食材都拌勻。
2. 鍋子抹少許油，熱鍋後，倒入蛋汁及蒲燒魚片，蛋汁凝結就慢慢捲起。
3. 分四次將蛋汁下鍋，反覆捲起蛋皮，就完成玉子燒。

Tips

每一次蛋汁下鍋，鍋底都要抹薄薄一層食用油，全程使用小火烹煮即可。

蒲燒鯛魚口袋餅

口袋餅是方便又快速的好選擇，搭上蒲燒鯛魚創新又美味，
無論是早午餐或點心時刻，輕鬆就能快速上桌！

食材／1 人份

- 蒲燒鯛魚 1 片
- Pita 口袋餅 1 個
- 生菜適量
- 洋蔥少許
- 番茄片少許
- 彩椒、小黃瓜少許
- 美乃滋適量

作法

1. 蒲燒魚片、口袋餅用平底鍋小火烘烤加熱，蔬菜都切片。
2. 將口袋餅放入生菜、番茄片、彩椒、洋蔥、蒲燒鯛魚及小黃瓜片。
3. 淋上美乃滋就可以享用。

Tips

蒲燒鯛魚及口袋餅，用平底鍋或烤箱加熱都可以。

魚片蔬菜鹹粥

冷冷的天就需要靠美味的粥來暖暖身子！
鯛魚片的鮮甜與白米一起燉煮成粥，兩者的味道搭配起來相得益彰；
加入自己喜歡的蔬菜，營養又好吃的粥品就完成囉！

食材

- 鯛魚片 250g
- 白米 1 米杯
- 水 1200cc
- 薑一小塊
- 青蔥 1 根
- 紅蘿蔔片 5 片
- 綠花椰菜 5 小朵
- 豌豆適量

醃料

- 米酒 1 大匙
- 鹽 ⅓ 小匙

調味料

- 鹽適量
- 白胡椒粉適量
- 油蔥酥 1 小匙

作法

1. 鯛魚片洗淨後擦拭多餘水分，將魚肉切成片狀。

2. 魚肉加入醃料醃漬 10 分鐘，青蔥切成蔥花，薑切成絲。

3. 白米洗淨後，放進冰箱冷凍 30 分鐘，再放入鍋裡注入 1200cc 的水，以中小火煮成白粥。

4. 急凍後的白米很快就煮成白粥，煮約 6 分鐘後放入紅蘿蔔片、綠花椰菜再次煮滾。

5. 接下來將魚片也下鍋。

6. 放入薑絲可以去腥提鮮。

7. 豌豆也下鍋，熄火前加入調味料，試一下味道再依照個人的口味做調整。

8. 最後灑上蔥花，好吃的魚片蔬菜鹹粥就完成囉。

Tips

白米洗淨後放入冰箱冷凍室冰凍 30 分鐘，米粒的組織受到破壞而產生一個個蜂巢狀小孔，吸水力因而增強，遇到熱水後，米粒變得鬆散，可快速煮成白粥喔！

清蒸豆腐鯛魚

鯛魚是低脂肪高蛋白的健康食材，而且鯛魚味道清淡，

因此不論使用哪種料理方式都十分適合；

簡單的材料更可以襯托出魚的鮮美，製作步驟也十分簡單，

當你有時想吃清爽的魚類料理時，這道就會是個好選擇。

食材

- 鯛魚片 400g
- 板豆腐一盒
- 青蔥 1 根
- 辣椒 1 根

醃魚醬料

- 薑泥 2 小匙
- 鹽 ½ 小匙
- 白胡椒粉 ¼ 小匙
- 米酒 1 大匙
- 醬油 1 大匙

淋熱油

- 食用油 1 大匙
- 香油 1 大匙

作法

1. 鯛魚片洗淨擦乾後，順紋切成 1 公分厚度片狀，板豆腐也切成厚片狀。
2. 魚片用醃魚醬料拌勻後，醃漬 10 分鐘。
3. 將青蔥的蔥白切絲、蔥綠切絲，辣椒去籽後切成絲，辣椒絲及蔥綠泡冰水 10 分鐘，瀝乾水份備用。
4. 取一蒸盤，以板豆腐片鋪底，放上魚片，再倒入醃魚醬料。
5. 放上蔥白部份。
6. 蒸鍋事先煮滾後，放入蒸魚盤，蓋上鍋蓋，以中大火蒸 12 分鐘。
7. 魚肉蒸好，將蔥白取出不用。
8. 放上蔥綠、辣椒絲，淋上事先加熱好的熱油就可起鍋。

Tips

蒸魚的時間要拿捏好，避免久蒸反而造成魚肉變柴，除了爐火蒸煮亦可用電鍋，外鍋的水約 0.6 米杯水。

麻辣水煮魚

在台灣餐廳中我們較常見的是麻辣水煮牛,因此有些不吃牛肉的朋友無法品嚐到這份
美味;但其實在四川最常見的是麻辣水煮魚呢,魚片的口感搭配辛香料激出不一樣的
火花!這道料理的重點在於香氣是否足夠以及魚片不能過老,掌握好這兩個要點便能
輕鬆完成喔~

食材

- 鯛魚片 400g
- 黃豆芽 50g
- 小黃瓜 1 根
- 香菜 1 株
- 薑末 1 小匙
- 蒜末 1 小匙
- 乾辣椒 5 根
- 熱水 300cc

魚肉醃料

- 米酒 1 大匙
- 鹽 ⅓ 小匙
- 太白粉 ½ 大匙
- 白胡椒粉少許

麻辣香油

- 大紅袍（花椒）1 大匙
- 乾辣椒 10 根
- 月桂葉 2 片
- 八角 1 顆
- 草果 1 顆
- 桂皮 1 小片
- 食用油 150cc

調味料

- 豆瓣醬 2 大匙
- 細砂糖 1 小匙
- 醬油 1 大匙

作法

1. 將製作麻辣香油的乾辣椒切小塊、草果拍裂開，這樣香氣才會釋出；小黃瓜切細條狀、香菜切碎。

2. 魚肉切成片狀，用醃料醃漬 30 分鐘。

3. 煮一鍋熱水，將黃豆芽下鍋先汆燙好，備用。

4. 鍋裡先放入麻辣香油的香料，再倒入食用油 150cc，開小火慢慢將香料焙出香氣，當香氣釋出後即可熄火。再將鍋裡的香料取出，就完成美味的麻辣香油。

5. 熱油鍋後，小火焙香薑末、蒜末、乾辣椒，再加入豆瓣醬等調味料拌炒出香氣。

6. 倒入約 300cc 的熱水。

7. 醬汁煮滾後，魚片下鍋。

8. 煮至魚肉熟透就可以熄火。

9. 取一個深盤以黃豆芽、小黃瓜鋪底，再放入煮好的水煮魚，放上香菜，淋上 3 大匙麻辣香油就可以享用囉！

Tips

- 水煮魚的麻辣口感可依照個人喜好做調整；食譜中所使用的香料都可在大賣場或中藥店購買得到。

- 這道川味麻辣料理首重於麻與辣的完美結合，步驟 4 所製作的麻辣香油，也是這道料理的精華所在，完成的麻辣香油可用乾淨的空罐做保存，冷藏一個月沒問題！

鯛魚下巴

香烤魚下巴

在日本料理、居酒屋、海產店都受到歡迎的莫過於烤魚下巴了！
吃得到魚的原味且肉質鮮嫩，魚下巴在炭火上滋滋作響的聲音真的十分吸引人；
但看似簡單的料理，也有著不可忽略的小撇步，
跟著步驟做也能烤出令人垂涎三尺的香烤魚下巴～

食材

- 魚下巴 6 片
- 胡椒鹽適量
- 橄欖油 ½ 大匙
- 檸檬角適量

醃料
- 味霖 1 小匙
- 米酒 1 小匙
- 鹽 1 小匙

作法

1. 魚下巴洗淨後擦乾，淋上醃料抹勻，醃漬約 10 分鐘。

2. 烤盤上鋪上錫箔紙或抹一層食用油（份量外），可防止魚肉沾黏。

3. 將醃漬好的魚下巴放在烤盤上。

4. 再淋上些許橄欖油。

5. 放進事先預熱的烤箱內，以攝氏 200℃ 烘烤約 15 ～ 18 分鐘，烤至金黃上色即可出爐。上桌時可搭配檸檬角、胡椒鹽一起享用。

Tips

魚肉先以醃料醃漬 10 分鐘，可達到去腥提鮮的效果。

乾燒魚下巴

乾燒的作法可以把醬汁風味濃縮到食材本身，
魚下巴含有豐富的油脂，搭配醬汁乾燒入味十分下飯；
材料準備也非常簡單，是一道相當受歡迎的家常菜喔！

食材

- 魚下巴 6 片
- 青蔥 2 根
- 薑 30g
- 紅辣椒 2 根
- 食用油 1 大匙

調味料

- 醬油 2 大匙
- 米酒 1 大匙
- 細砂糖 1 大匙
- 水 200cc
- 黑胡椒粉少許

作法

1. 將魚下巴洗淨、擦乾。

2. 薑切片、辣椒切斜片、蔥白及蔥綠都切成段狀。

3. 熱鍋後，以魚皮朝下將魚下巴下鍋煎至兩面焦香，先起鍋備用。

4. 沿用原鍋，倒入 1 大匙食用油，將蔥白、薑片、辣椒片也下鍋，以小火煸出香氣。

5. 加入所有的調味料以及 200cc 的水轉中火煮滾。

6. 再放入煎好的魚下巴，煮至湯汁稍微收乾。

7. 熄火前，放入蔥綠即可起鍋盛盤。

Tips

魚下巴的油脂豐富，熱鍋後以魚皮這一面先下鍋，可釋出魚皮的油脂，這樣更能讓醬汁燒入味，魚肉也不會鬆散。

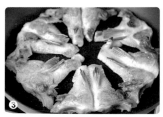

土魠魚

在 Costco 美式賣場販售的土魠魚都是捕撈上岸後馬上採急速冷凍方式再切成片狀,魚片的肉質厚實且細緻可口,無論是紅燒、煎、煮、炒、炸都方便料理。

冷凍區／土魠魚切片(459/1kg)

挑選法

土魠魚都是捕撈後急速冷凍切成片狀,方便解凍後料理,喜歡吃肥美的魚肉,可挑選靠近魚肚部份的魚肉。

保存法1 單片包裝

買回家後可依料理需求分裝成單片包裝,再放入冷凍庫保存,食用前一晚先放至冷藏室慢慢進行解凍,土魠魚片料理前用清水洗乾淨擦乾即可下鍋烹煮。

| 2～3週 | 放冷藏區 |
| 冷凍保存 | 低溫解凍 |

FoodSaver 家用真空包裝機

做成調理包

或者一次性大量酥炸土魠魚，分裝成小份量調理包，煮羹湯或糖醋都很方便！製作方法請見 P40 酥炸土魠魚。

| 3～4 週
冷凍保存 | 放冷藏區
低溫解凍 |

這樣處理更好吃！

Tips 1

土魠魚最好吃的料理方式就是香煎土魠魚，簡單的料理更嚐得到魚肉最鮮美的滋味。

Tips 2

紅燒口味也是人人愛，放入大量的蒜粒及青蔥和土魠魚一起醬燒入味，這道料理也是餐桌上最受歡迎的菜色之一。

Tips 3

香酥可口的炸土魠魚塊切成長條狀或塊狀下鍋油炸，金黃酥脆的口感，做成土魠魚羹或配料都很適合。

泰式香煎土魠魚

煎得金黃香酥的土魠魚,佐以酸甜開胃的特製醬汁;
番茄自然的酸甜加上各種調味料的搭配,有著濃濃的泰式風情。
炎炎夏日想要開胃下飯的料理,就選這道吧!

食材

· 土魠魚 1 片

配料

· 洋蔥半顆
· 蒜頭 3 瓣
· 薑 10g
· 香菜 2 株
· 小番茄 8 顆

醃料

· 米酒 1 大匙
· 鹽 1 小匙

醬料

· 泰式酸甜雞醬 3 大匙
· 椰糖 1 大匙
· 米酒 1 大匙
· 魚露 1 大匙
· 番茄醬 1 大匙
· 檸檬汁 1 大匙

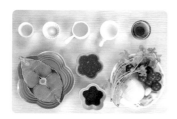

作法

1. 土魠魚洗淨後擦乾，用醃料將魚肉兩面都抹勻，靜置 10 分鐘。

2. 將洋蔥切細丁、蒜頭及薑切碎、香菜梗及葉都切碎、小番茄切半。

3. 醬料先混合、備用。

4. 以中火熱油鍋，土魠魚擦拭多餘水份後下鍋，煎至兩面焦香即可起鍋。

5. 沿用原鍋，將配料都下鍋（香菜、小番茄除外）以中小火炒出香氣，再倒入醬料。

6. 拌炒均勻後，再放入香菜梗、小番茄拌勻即可熄火。

7. 土魠魚盛於盤上，淋上煮好的泰式醬汁。

8. 放上香菜葉即可享用。

Tips

土魠魚在料理前，先用鹽及米酒做醃漬，可將魚肉的鮮味更為提升，透過鹽份的滲透壓力讓魚肉更為緊實好吃，下鍋前一定要將魚肉釋出的水份擦拭乾淨，才不會產生油爆。

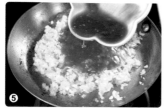

酥炸土魠魚

我們常在外面店家吃到炸土魠魚羹，吃完總覺得意猶未盡還想再吃，
當在家想隨時品嚐這一味時，那不如自己動手做酥炸土魠魚吧。
簡單的作法一次完成，分裝後可以冷凍保存 3 ～ 4 週，是媽媽們必備的料理喔！

食材

- 土魠魚 600g
- 雞蛋 1 顆
- 地瓜粉適量

醃料

- 醬油 1 大匙
- 細砂糖 1 大匙
- 五香粉 ½ 小匙
- 胡椒粉 ½ 小匙
- 蒜泥 ½ 大匙
- 米酒 1 大匙

作法

1. 將土魠魚洗淨後擦乾，去皮及去骨後，切成長條狀或塊狀。
2. 將魚肉放入調理碗，加入所有的醃料拌勻。
3. 再加入一顆蛋汁拌勻，醃漬 15 分鐘使其入味。
4. 將醃漬入味的魚肉裹上地瓜粉。
5. 魚肉裹上粉後，靜置 5 分鐘返潮。
6. 倒入適量的油以中火加熱，用筷子測油溫。
7. 分次將土魠魚塊下鍋。
8. 炸至表面金黃即可起鍋。
9. 冷卻後，可將酥炸土魠魚用食物保鮮袋做分裝保存，可冷藏 2 天，冷凍 3 ～ 4 週。

Tips

當筷子邊緣產生細小泡泡時，代表油溫已達 160℃。

調理包料理

酥炸土魠魚羹

小吃店必吃的酥炸土魠魚羹在家自己做！
熬煮過的羹湯有豐富的配料及營養，加上酥炸土魠魚塊更加吸引人呢！

食材／4 人份

- 酥炸土魠魚 300g
- 大白菜 150g
- 乾蝦米 1 大匙
- 乾香菇絲 20g
- 蒜末 1 大匙
- 紅蘿蔔絲少許
- 太白粉水少許
- 香菜少許
- 高湯或水 800cc

調味料
- 醬油 1 大匙
- 米酒 1 大匙
- 白胡椒粉 ¼ 小匙
- 鹽 1 小匙
- 細砂糖 1 小匙
- 烏醋少許
- 柴魚少許

作法

1. 將大白菜切細絲，乾香菇及蝦米都泡軟、香菇切絲、調味料先拌勻。

2. 熱油鍋，將蒜末、蝦米、香菇絲爆香，加入大白菜絲、紅蘿蔔絲、高湯煮滾。

3. 加入調味料，太白粉水作勾芡，放入酥炸土魠魚塊，灑上香菜就完成囉。

Tips

酥炸土魠魚塊可先用烤箱加熱，再放入煮好的羹湯裡，味道及口感都相當美味！

醋溜炸魚

酸酸甜甜的醋溜炸魚,搭配小黃瓜片擺盤色香味俱全,

酸∨酸∨的滋味讓每個人都愛上,就算吃多了也不膩口。

食材／4 人份

- 酥炸土魠魚塊 200g
- 彩椒各半顆
- 小黃瓜片少許
- 太白粉水少許
- 薑末 1 小匙
- 蒜末 1 小匙

糖醋醬汁

- 番茄醬 2 大匙
- 醬油 1 小匙
- 細砂糖 2 大匙
- 白醋 2 大匙
- 水 4 大匙

作法

1. 酥炸土魠魚用烤箱或平底鍋加熱,彩椒切塊、糖醋醬汁先拌勻。

2. 熱油鍋,蒜末、薑末炒出香氣,倒入糖醋醬汁煮濃稠,加入少許太白粉水勾芡。

3. 放入彩椒、土魠魚塊拌勻糖醋醬汁即可起鍋,以小黃瓜片做盤飾,放上醋溜魚塊即完成。

Tips

糖醋醬汁可依照個人喜好做調整。

蒜燒土魠魚

魚肉的鮮美加上濃厚的蒜香醬汁，讓人可以多吃 2 碗飯呢～
食譜中採用了大量蒜粒，看似驚人其實有著大大學問。
經過煸香的蒜粒在拌炒過程中會變得鬆軟綿密，
有著平常意想不到的口感，非常推薦你試試看唷。

食材

- 土魠魚一片
- 蒜粒 20 瓣
- 青蔥 2 根
- 辣椒 1 根
- 薑 15g

調味料

- 醬油 2 大匙
- 細砂糖 ½ 大匙
- 米酒 2 大匙
- 黑胡椒粉 1 小匙

作法

1. 土魠魚洗淨後擦乾，青蔥切成蔥白、蔥綠，薑切片、辣椒切斜片。
2. 熱油鍋，將土魠魚下鍋，以中小火將魚肉兩面煎至焦香。
3. 煎好的魚肉推至鍋邊，蒜粒、辣椒、薑片下鍋煸出香氣。
4. 倒入所有的調味料。
5. 將醬汁燒至入味後，熄火前放入蔥段即可盛盤。

Tips

將蒜粒煸至表面上色，能讓蒜頭變得不會辛辣且鬆軟好吃，魚肉吸附了蒜香醬汁更顯美味。

白帶魚

白帶魚含有 DHA，對提高記憶力和思考能力十分重要，其中的維生素 D，可促進人體鈣質吸收。新鮮的白帶魚表面有一層銀鱗，是一層由特殊脂肪形成的表皮，稱為「銀脂」，是營養價值較高且無腥味的脂肪，裡面含有不飽和脂肪酸及卵磷脂，可以使皮膚細緻、頭髮烏黑亮麗。白帶魚是高普林含量的魚類，有痛風及尿酸過高的人就不建議常食用。

冷凍區／白帶魚切段（389/1kg）

挑選法

整尾沒有切的白帶魚，可以挑眼睛飽滿具有光澤，魚鰓則呈現鮮紅色狀況，魚皮越亮就越新鮮，按壓魚肉時不會凹陷的為佳。冷凍切段的白帶魚，要挑選真空包裝、沒有腥味、表皮光亮、魚肉有彈性。

保存法1 切段分裝

購買一尾完整的白帶魚，必需將內臟、魚鰓都去除乾淨，表皮可刮除或保留，洗乾淨後切成一段一段，再分裝保存。

| 2～3週 | 放冷藏區 |
| 冷凍保存 | 低溫解凍 |

保存法2 直接冷凍

Costco 販售的白帶魚一盒裡有好幾包分裝好的真空包裝，可以直接放冷凍庫保存，料理前一晚再放到冷藏區慢慢解凍，用水清洗擦乾後才可以進行料理。

| 2～3週 | 放冷藏區 |
| 冷凍保存 | 低溫解凍 |

這樣處理更好吃！

Tips 1

白帶魚最常見的料理方式就是香煎，煎至恰恰的香酥口感超好吃的！

Tips 2

將煎好的白帶魚加入米粉及芋頭，湯頭吸附了魚肉及芋頭鮮美的滋味，是讓人讚不絕口的美味料理。製作方法請見 P50 白帶魚米粉湯。

Tips 3

白帶魚除了香煎，做成剁椒魚也相當美味，搭配剁椒醬，好吃又下飯呢！製作方法請見 P48 的剁椒白帶魚。。

剁椒白帶魚

剁椒的風味讓人食指大動，想要品嚐卻不知怎麼料理時，

這道食譜有簡易的剁椒醬汁作法，快速簡單的製作方式同時也抓住了剁椒醬的精華。

白帶魚搭配自製剁椒醬汁，激出了不一樣的火花，請務必要試試看。

食材

- 白帶魚中段 2 片
- 豆腐半盒
- 香菜 1 株
- 蔥花 1 大匙
- 蒜末 1 大匙
- 紅辣椒 2 大匙
- 薑末 1 大匙
- 食用油 2 大匙
- 太白粉水 1 大匙

調味料

- 醬油 1 大匙
- 細砂糖 1 小匙
- 米酒 1 大匙
- 水 60cc

作法

1. 豆腐切片鋪在蒸盤上。
2. 白帶魚洗淨後，魚身劃二刀，放在豆腐上。
3. 熱油鍋，中火爆香蒜末、辣椒末、薑末。
4. 加入調味料拌炒均勻後，以太白粉水做勾芡即完成剁椒醬汁。
5. 將剁椒醬汁淋在白帶魚上。
6. 放入已煮至沸騰的蒸鍋內，大火蒸 8 分鐘。
7. 蒸好的魚，灑上蔥花、香菜就完成囉。

Tips

道地的剁椒醬是將辣椒末、薑末加入少許的鹽、糖、酒等材料拌勻，放至陰涼處或冰箱冷藏一個月自然發酵後即可使用，無論是蒸魚或拌麵都能增添料理的美味。

白帶魚米粉湯

煎得金黃香酥的魚肉搭配古早味米粉湯，魚肉吸滿了湯汁吃起來清爽又鬆軟；
而米粉湯則吸收了魚肉鮮美的精華，兩者搭在一起堪稱絕配。
芹菜與油蔥酥更是替整體風味加分，
這道家常的好滋味，讓人吃了有著滿滿的幸福味道呢！

食材／4 人份

- 白帶魚 250g
- 純米粉 200g
- 櫻花蝦 15g
- 乾香菇 3 朵
- 油蔥酥 15g
- 青蔥 2 根
- 蒜苗 1 根
- 芹菜 2 根
- 香菜 3 株
- 大白菜 300g
- 炸芋頭 200g
- 高湯 1000cc

調味料

- 鹽 ½ 大匙
- 胡椒粉 ⅓ 小匙
- 香油 1 小匙

作法

1. 白帶魚洗淨後，用廚房專用紙巾擦拭多餘水份，純米粉用水浸泡 10 秒鐘，瀝乾水份備用。
2. 乾香菇泡軟後切絲、大白菜切塊、青蔥切成蔥白及蔥綠，蒜苗、香菜、芹菜都切碎。
3. 熱油鍋，將白帶魚下鍋煎至兩面焦香，先起鍋備用。
4. 準備一個淺湯鍋以中小火熱鍋，將蔥白、香菇絲、櫻花蝦下鍋煸出香氣。
5. 放入大白菜、炸芋頭，倒入高湯轉中火煮滾。
6. 煮至芋頭鬆軟時，放入蔥綠、調味料。
7. 試一下湯頭的味道，再放入米粉、白帶魚。
8. 灑上芹菜珠、蒜苗、香菜、油蔥酥就完成美味的白帶魚米粉湯。

Tips

米粉湯要湯頭鮮美，魚肉要先煎至焦香之外，高湯也占有很大的美味要訣，可使用市售的高湯或自己熬煮一鍋雞高湯、豬高湯，以及利用蔬菜自然鮮甜的滋味，讓這道白帶魚米粉湯更有層次。

鯖魚

Costco 明星商品之一薄鹽白腹鯖魚，是來自挪威北大西洋鯖魚，肉質肥美且每隻都有處理乾淨，以薄鹽醃漬入味，下鍋前需先解凍稍加清洗擦乾，適合煎、煮、燒、烤等料理方式，光是用煎的就能嚐到鯖魚的肥美肉質，好吃又美味！

冷凍區／薄鹽白腹鯖魚（299/1kg）

挑選法

挑選時要先檢查包裝是否完整，魚身完好且呈現完全結凍狀態，包裝裡未滲出血水，如果有滲出血水代表此包裝的薄鹽白腹鯖魚所保存的溫度不足已逐漸解凍，容易造成商品鮮度不足。

保存法 1　分尾保存

Costco 薄鹽白腹鯖魚都是採一盒四尾的冷凍大包裝，採買回來可用真空包裝機或食物密封袋分裝成一尾一尾保存，直接放入冷凍庫保存。

2～3 週
冷凍保存

放冷藏區
低溫解凍

保存法2 切塊保存

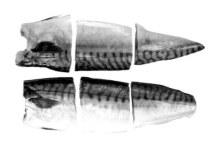

只要切成所需的大小塊用真空包裝機或食物密封袋分裝保存，料理之前放至冷藏室慢慢解凍即可。

| 2～3週 冷凍保存 | 放冷藏區 低溫解凍 |

這樣處理更好吃！

Tips 1

油脂相當豐富的薄鹽白腹鯖魚是日式料理店及居酒屋常見的料理，通常都是香煎或燒烤方式來料理，魚肉的鹹香滋味真的超好吃！

Tips 2

除了香煎及燒烤，還可以搭配洋蔥一起燒至入味呢！光是魚肉拌上醬汁就會讓人多吃一大碗飯！製作方法請見 P56 洋蔥蔥燒鯖魚。

Tips 3

茄汁口味可說是鯖魚的最經典料理，尤其加入許多番茄慢燉完成的茄汁鯖魚，絕對和你吃過的罐頭口味不同，鮮甜的番茄醬汁讓鯖魚的肉質變得更有層次風味！製作方法請見 P54 茄汁鯖魚。

茄汁鯖魚

說到茄汁鯖魚大家都會想到罐頭的茄汁鯖魚吧，

雖然好吃卻少了自然的味道，常吃對身體也會造成負擔。

不如自己做吧，採用新鮮的牛番茄搭配其他調味料，

比起市售茄汁鯖魚罐頭更新鮮又美味，非常適合宴客上桌或是做便當菜喔！

食材／4 人份

- 鯖魚 1 尾
- 牛番茄 2 顆
- 西洋芹 2 根
- 青蔥 1 根
- 香菜 1 株
- 水 500cc

調味料

- 番茄醬 4 大匙
- 細砂糖 1 大匙
- 米酒 2 大匙
- 香油 1 小匙

作法

1. 青蔥切成蔥白、蔥綠，牛番茄用熱水汆燙後去皮去籽切成塊，西洋芹切塊、香菜切碎。

2. 鯖魚去除頭尾部份，切成塊狀。

3. 熱鍋後，將鯖魚塊下鍋煎至兩面焦香，起鍋備用。

4. 鍋裡倒入油，以中小火炒香蔥白，再放入番茄塊。

5. 加入水、調味料煮 10 分鐘。

6. 再放入鯖魚、西洋芹下鍋，蓋上鍋蓋轉小火煮 20 ～ 25 分鐘。

7. 將湯汁稍微收乾，試一下味道做調整，熄火前灑上蔥綠、香菜即完成。

Tips

番茄醬每款品牌的鹹度都不同，可依照個人的口味做調整，如太鹹的話可加入少許的砂糖。

洋蔥燒鯖魚

其實 Amy 的女兒平時很討厭吃洋蔥，總覺得洋蔥有股辛辣的刺鼻味，
吃起來也不好吃；但吃了這道洋蔥燒鯖魚以後從此改觀！
因為洋蔥經過拌炒後甜味被釋出，反而讓整體食材多了股清甜，
鹹甜的醬汁口感有著日式家庭料理常見的好滋味，
會讓孩子們不知不覺多吃了一大碗白飯呢！

食材／4 人份

· 鯖魚 1 尾
· 青蔥 2 根
· 洋蔥 1 顆
· 辣椒 1 根
· 食用油 1 大匙

調味料

· 醬油 2 大匙
· 味霖 2 大匙
· 清酒 2 大匙
· 黑胡椒粉 1 小匙
· 水 30cc

作法

1. 鯖魚洗淨後擦乾，切成塊狀。

2. 洋蔥以順紋方式切成絲、青蔥切成蔥白及蔥綠、辣椒切片。

3. 中小火熱鍋後，放入鯖魚塊，煎至兩面焦香後，起鍋備用。

4. 倒入 1 大匙食用油，將蔥白、辣椒、洋蔥絲下鍋拌炒出香氣。

5. 加入調味料、水 30cc。

6. 放入煎熟的鯖魚塊。

7. 煮滾後，蓋上鍋蓋，轉小火煮約 6 ～ 8 分鐘。

8. 開蓋後，轉中火將醬汁稍微收乾，灑上蔥綠、辣椒即可熄火。

Tips

鯖魚本身已有鹹度，調味時需先嚐一下味道，再做調整。

韓式泡菜醬燒鯖魚

泡菜料理我想人人都愛吧,微酸帶點微辣的風味,不論搭配什麼都很適合。
日式高湯搭配韓式泡菜,湯汁充滿泡菜的風味,更襯出魚肉自然鮮甜滋味,
相信不愛吃魚的你也會喜歡。

食材／4 人份

- 鯖魚 1 尾
- 韓式泡菜 200g
- 泡菜湯汁 100cc
- 洋蔥半顆
- 馬鈴薯（中型）2 顆
- 大蔥 1 根
- 綠辣椒 1 根
- 紅辣椒 1 根
- 日式高湯 400cc
- 米酒 2 大匙

調味料

- 韓式辣椒粉 1 大匙
- 砂糖 1 小匙
- 蒜泥 1 大匙
- 薑泥 1 大匙
- 醬油 1 大匙

作法

1. 鯖魚洗淨後切塊，用米酒醃漬 10 分鐘。
2. 洋蔥順紋切絲，大蔥、辣椒都切斜段，馬鈴薯去皮切成 1 公分厚片。
3. 泡菜汁加入所有的調味料拌勻，備用。
4. 湯鍋裡以洋蔥絲、馬鈴薯片鋪底，倒入日式高湯及步驟 3 的泡菜醬汁，開中火煮約 8 分鐘。
5. 放入泡菜、鯖魚塊，再次煮滾。
6. 蓋上鍋蓋，轉小火慢燉 25 分鐘。
7. 熄火前，放入辣椒、蔥段再燜煮 2 分鐘即完成。

Tips

- 昆布高湯作法：昆布 10 公分長度一片，加入 450cc 冷水浸泡 30 分鐘，再開小火煮至快沸騰，取出昆布，再倒入 15g 柴魚片，待柴魚片沉入鍋底，瀝出的湯汁即為日式高湯。
- 韓式泡菜發酵後，放置時間越久，口感會越酸，非常適合烹調使用，泡菜湯汁指的就是泡菜發酵後的湯汁。

鮭魚

鮭魚可説是 Costco 美式賣場最受歡迎又暢銷的明星商品，肉質相當鮮美，無論是煎、煮、炒、炸都很適合做成各式料理；在 Costco 可以購買到鮭魚的各種部位，例如魚排、輪切魚片、魚頭、魚尾，可依照料理需求或是個人喜好來挑選所需要的魚肉部位。

冷藏區 / 空運新鮮鮭魚排（999/1kg）・空運鮭魚頭（299/kg）・空運鮭魚尾（419/1kg）

挑選法

品質優良的鮭魚肉色鮮橘，魚肉上有條狀的白色脂肪，肉色呈粉紅色，紋理越明顯肉質會更豐腴美味，如果肉質凹陷沒有彈性，就代表不新鮮。

保存法1　分適量大小保存

新鮮的鮭魚排、鮭魚頭、鮭魚尾冷藏約可存放 1 ～ 2 天，冷凍可保存 2 ～ 3 週。建議購買回來後，可依照需求將鮭魚排、鮭魚頭、鮭魚尾分適量大小塊或料理份量，用食物保鮮袋或真空包裝做分裝冷凍保存。

2 ～ 3 週
冷凍保存

放冷藏區
低溫解凍

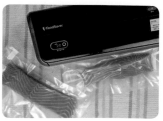

切小塊分裝

鮭魚排及鮭魚頭可切小塊份量分裝，方便每次料理食用。料理方式很多，煎魚、煮味噌湯或是火鍋時都方便取用。

2～3週 冷凍保存	放冷藏區 低溫解凍

做成調理包

採買份量多時可一次煮好鮭魚肉燥調理包，冷卻後再分裝成小份量，相當方便。製作方式請見 P84 鮭魚肉燥。

2～3週 冷凍保存	自然解凍或 是以微波爐 解凍

這樣處理更好吃！

Tips 1 將鮭魚魚尾的魚皮、魚肉、魚骨分別取下，魚骨可留下熬煮魚高湯，魚皮的膠質相當豐富，非常適合與鮭魚肉一起烹煮。

Tips 2 將魚肉切成細丁，以滷肉燥的料理手法燉煮成好吃的肉燥。製作方法請見 P84 鮭魚肉燥。

Tips 3 將鮭魚剝到細碎，炒至金黃色，自製健康鮭魚肉鬆喔！拌飯拌麵都很方便。製作方法請見 P74 自製鮭魚鬆。

鮭魚排

鮭魚時蔬義大利麵

吃多了常見的紅醬及白醬口味作法的義大利麵料理，

讓人更喜歡清炒風味的義大利麵，比其濃厚的醬汁，

我更想品嚐到食材本身的味道。

清炒的方式不只能快速上桌，更能讓食材發揮到淋漓盡致。

喜歡地中海式健康飲食料理的您，這道義大利麵絕對是最好的選擇！

食材／2 人份

- 鮭魚排 400g
- 義大利麵 140g
- 彩色甜椒適量
- 洋蔥 ¼ 顆
- 小番茄 8 顆
- 蒜頭 2 瓣
- 辣椒 1 根
- 蘿勒少許
- 檸檬片 2 片
- 橄欖油 1 大匙
- 不甜的白葡萄酒 30cc

調味料

- 鹽適量
- 黑胡椒粉適量

醃料

- 海鹽 1 小匙
- 黑胡椒粉 ¼ 小匙
- 橄欖油 1 大匙

作法

1. 鮭魚排用醃料抹勻，靜置 5 分鐘。

2. 將洋蔥、彩色甜椒切絲，小番茄切半，蒜頭拍裂，辣椒切片，蘿勒切碎。

3. 準備一鍋 2000cc 的熱水，放入 1 大匙海鹽（份量外），將義大利麵條煮至 8 分熟的熟度。

4. 煮義大利麵的同時，另起一鍋，將鮭魚排下鍋煎至兩面焦香，起鍋備用。

5. 鍋裡放入蒜頭、橄欖油，開小火慢慢焗香，蒜味釋出時再放入辣椒、洋蔥絲拌炒。

6. 開中火將洋蔥絲炒至半透明狀，放入小番茄、彩椒拌炒均勻，再將煮至8分熟的義大利麵條下鍋。

7. 將義大利麵和所有食材拌炒，倒入 30cc 的白酒。

8. 加入適量的鹽及黑胡椒粉調味，還可用煮麵水調整味道。

9. 起鍋前淋上 1 大匙橄欖油，灑上蘿勒就完成囉。享用前可依個人喜好擠上檸檬汁。

Tips

- 煮麵水加入 1 大匙鹽，除了可讓麵條有些許鹹度及增加 Q 彈口感之外，更能讓麵條輕鬆裹上醬汁。
- 拍裂的帶皮蒜頭，以冷鍋冷油方式慢慢焗香，能讓蒜頭不會焦黑，以及蒜味充分釋出香氣，起鍋前也可輕鬆取出蒜粒。

鮭魚起司馬鈴薯

不論大人小孩都超愛的莫過於起司馬鈴薯了～
充滿奶香的馬鈴薯搭配鮭魚非常適合，再加上牽絲的起司十分誘人，
不論當小點心或是配菜都非常的受歡迎呢！

食材／2 人份

- 鮭魚排 150g
- 馬鈴薯 2 顆
- 菠菜 50g
- 洋蔥丁 25g
- 蒜末 1 大匙
- 蛋汁 30cc（半顆份）
- 無鹽奶油 10g
- 動物性鮮奶油 40cc
- 乳酪絲 100g
- 巴西里少許

調味料

- 黑胡椒粉 ⅓ 小匙
- 紅椒粉 ¼ 小匙
- 鹽 1 小匙

作法

1. 馬鈴薯先蒸熟，在 ⅓ 處將馬鈴薯切開，挖出薯泥備用，馬鈴薯皮保留 0.5 公分厚度。

2. 將菠菜洗乾淨、切段。

3. 熱鍋後，將鮭魚排下鍋煎至兩面焦香，起鍋備用。

4. 沿用原鍋，倒入蒜末炒香，洋蔥丁下鍋炒至透明狀，再放入菠菜炒軟，起鍋放涼。

5. 調理碗裡放入薯泥及無鹽奶油、炒好的菠菜、鮭魚剝成細碎魚肉，以及調味料混合均勻。

6. 再加入蛋汁、鮮奶油、⅓ 乳酪絲全部拌勻。

7. 將拌好的內餡填入馬鈴薯空殼裡，並灑上剩下的乳酪絲。

8. 放進已預熱的烤箱，烤溫 200℃，烘烤時間約 15 分鐘，烤至表面金黃即可出爐，最後撒上巴西里。

Tips

馬鈴薯空殼也可以用烤盅替代，動物性鮮奶油主要增添口感之外，也可以依照喜好做調整。

嫩煎鮭魚佐奶油白醬

高級餐廳才看得見的菜色，在家也可以自己輕鬆做！
聽起來很困難的奶油白醬，只要跟著步驟做一點都不難；
學會了也能搭配義大利麵或焗烤料理，人人都可以是大廚！

食材／2 人份

- 鮭魚排 300g
- 蘆筍 3 根
- 綠花椰菜適量
- 小番茄 3 顆
- 去皮蒜粒 2 瓣
- 巴西里少許
- 不甜的白葡萄酒 30cc
- 橄欖油 1 大匙

醃料

- 鹽 ¼ 小匙
- 黑胡椒粉少許
- 橄欖油 1 小匙

奶油白醬

- 無鹽奶油 2 大匙
- 牛奶 60cc
- 高湯 60cc
- 麵粉 30g
- 鹽 ¼ 小匙
- 黑胡椒粉 ¼ 小匙

作法

1. 將鮭魚排兩面用醃料抹勻，蒜粒切片、巴西里切碎、蘆筍粗梗部份削除。

2. 開中小火熱油鍋後，將鮭魚排下鍋煎至兩面焦香。

3. 倒入不甜的白酒，煮至酒精揮發只留下酒香，煎好的魚排先起鍋盛盤。

4. 沿用原鍋，倒入 1 大匙橄欖油，將蒜片及小番茄等蔬菜下鍋，蔬菜煮熟先起鍋。

5. 無鹽奶油小火煮至溶化，再加入麵粉炒至成糰，分次倒入溫牛奶，邊倒入邊拌炒麵糊。

6. 再加入溫熱的高湯，用打蛋器將麵糊拌至滑順均勻。

7. 拌至不見顆粒，加入鹽及黑胡椒粉做調味，就完成奶油白醬。

8. 將鮭魚排及蔬菜盛盤，淋上奶油白醬、灑上巴西里就完成囉。

XO 醬鮭魚炒飯

鮭魚煎到金黃焦香配上 XO 干貝醬的風味炒飯，

讓平時常見的炒飯有了不一樣的味蕾享受。

掌握當中的小技巧，就算沒有隔夜飯也可以炒出粒粒分明的炒飯。

食材／ 2 人份

· 鮭魚排 200g
· 青蔥 1 根
· 彩椒適量
· 雞蛋 1 顆
· 白飯 2 人份
· XO 干貝醬 1 大匙
· 鹽 ⅓ 小匙
· 黑胡椒粉少許

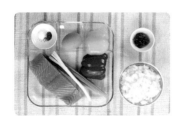

作法

1. 青蔥切成蔥白及蔥花、彩色甜椒切細丁、雞蛋打成蛋汁。

2. 將鮭魚切成細丁。

3. 中小火熱鍋後，將鮭魚肉丁下鍋煎至表面焦香，起鍋備用。

4. 蔥白下鍋爆香，推至鍋邊，再倒入蛋汁及白飯，轉中大火快炒。

5. 加入 1 大匙的 XO 干貝醬、鹽及黑胡椒粉拌炒均勻。

6. 將彩椒丁、鮭魚肉丁下鍋拌炒。

7. 熄火前，灑上蔥花就完成好吃的炒飯囉。

Tips

· 鮭魚的油脂相當豐富，使用不沾鍋可以在熱鍋後不放任何食用油，利用鮭魚的油脂也能煎出好吃又鮮嫩的口感，如果使用一般鐵鍋或是不鏽鋼鍋，建議加入少量的油脂即可。
· 炒飯不需隔夜飯也能炒出 Q 彈口感，利用蛋汁包裹住米飯，加入後米飯的水氣由蛋汁吸附，炒飯自然就不會黏鍋且粒粒分明。

69

鮭魚馬鈴薯餅

市售薯餅深受小朋友的喜歡卻不是很健康，自製的馬鈴薯餅加入營養很高的鮭魚，
採用半煎半炸，不僅不會浪費油還比用炸的爽口，
不論是當下課後的小點心或平常正餐的配菜都非常適合。

食材／ 4 人份

· 鮭魚輪切 1 片（約 300g）
· 馬鈴薯 2 顆
· 青蔥 1 根

調味料
· 沙拉醬 1 大匙
· 鹽 ¼ 小匙
· 黑胡椒粉 ¼ 小匙
· 食用油適量

麵衣
· 雞蛋 1 顆
· 麵粉 2 大匙
· 麵包粉 100g

作法

1. 熱鍋後，鮭魚下鍋煎至兩面焦香。

2. 鮭魚肉起鍋後，去除魚皮及魚骨頭，再剁成細碎狀；馬鈴薯蒸熟後，去皮壓成泥。

3. 放入鮭魚肉、蔥花、調味料。

4. 所有材料都拌勻為鮭魚薯泥。

5. 取適量的鮭魚薯泥整成圓餅狀，依序沾上麵粉、蛋汁、麵包粉。

6. 裹上麵衣的鮭魚馬鈴薯餅，先放冰箱冷藏 1 小時使其定型。

7. 中小火熱油鍋，將鮭魚馬鈴薯餅分次下鍋。

8. 煎至兩面金黃就可以起鍋。

Tips
以半煎半炸方式完成的鮭魚馬鈴薯餅，好吃又不會膩口。

法式紙包魚

紙包魚的原理是透過烘烤的熱氣,在紙裡面循環。
類似蒸的概念卻能鎖住食材的原味,也讓魚能夠保持光滑不破皮的狀態。
簡單的作法美味好吃,蔬果的顏色點綴讓整道料理更加分!

食材／2 人份

- 鮭魚輪切 1 片
- 蒜頭 2 瓣
- 水果甜椒適量
- 彩色番茄 6 顆
- 黃檸檬 1 顆
- 迷迭香 2 株
- 鹽 ½ 小匙
- 黑胡椒粉 ¼ 小匙
- 白酒 1 大匙
- 橄欖油 1 大匙
- 烘焙紙 1 張

作法

1. 鮭魚用鹽、黑胡椒粉將兩面都抹勻。
2. 黃檸檬切片狀及角狀、蒜頭及水果甜椒都切片狀、彩色小番茄切半。
3. 將烘焙紙底部抹一點油，一端捲成糖果狀，放入鮭魚、小番茄、蒜片。
4. 放上甜椒、迷迭香，淋上白酒。
5. 擺上黃檸檬片可以增添風味。
6. 將烘焙紙捲成糖果狀。
7. 紙包魚放在烤盤上，送進已預熱的烤箱，烤溫 200℃烘烤約 15 ～ 18 分鐘。
8. 烤好後，淋上橄欖油、擠上檸檬汁即可享用。

Tips

- 利用紙包住魚肉的烹調方式，可以將魚肉的鮮味鎖住，能嚐到原食物的美味。
- 除了使用烤箱烘烤之外，也可以利用平底鍋來做這道料理。

自製鮭魚鬆

魚鬆可說是家庭餐桌上必備的萬用配飯料，不論是平常吃飯或吃稀飯都很適合；
但外面市售的魚鬆卻不知道到底加了什麼？
自己做並不難喔～還可以依照個人喜歡的口味做調整，就連小寶寶也能吃！

食材／4 人份

- 鮭魚排 500g
- 薑 20g
- 青蔥 2 根
- 米酒 1 大匙

調味料
- 醬油 ½ 大匙
- 細砂糖 1 大匙
- 油 1 大匙

作法

1. 鮭魚排切塊、薑切片、青蔥切段。
2. 依序將鮭魚肉、蔥段、薑片放至蒸盤上，淋上 1 大匙米酒。
3. 用蒸鍋以中大火蒸約 10 分鐘。
4. 將蒸熟的魚片，放入食物調理機打成細碎狀。或直接用叉子將蒸熟的魚肉剁成細碎狀，如圖片所示的細碎狀。
5. 中小火熱鍋後倒入 1 大匙油，再將魚肉下鍋，拌炒均勻後加入醬油、細砂糖。
6. 轉小火，持續拌炒約 25 分鐘。
7. 炒至金黃色就完成好吃的鮭魚鬆，冷卻後，可放冰箱冷藏保存 10 ～ 14 天。

Tips

鮭魚鬆可以依照個人喜歡的鹹度及甜度做調整，如果小寶寶要食用，可減少醬油及糖，保存時間會更短一些，建議冷藏一週食用完畢。

鮭魚頭

鹽烤香酥鮭魚頭

每到海產店 Amy 的女兒最愛吃鮭魚頭了，鮭魚頭有豐富的膠質，

經過鹽烤帶點焦香真的很吸引人。

但外面餐廳的鮭魚頭單價總是很高，不如自己來烤吧！

不需要太複雜的前置作業，只要花時間烘烤，不論是誰都可以輕易上手喔。

食材／2 人份

- 鮭魚頭半顆
- 青蔥 4 根
- 檸檬 1 顆
- 米酒 1 大匙
- 鹽 1 大匙
- 胡椒鹽少許

作法

1. 鮭魚頭洗淨後，用廚房專用紙巾擦乾；青蔥切段。
2. 鮭魚頭用米酒去腥提鮮。
3. 抹上少許的鹽。
4. 準備一個烤盤，鋪上蔥段放上魚頭。
5. 烤箱以 180℃ 先預熱，將魚頭送進烤箱，烘烤約 25 ～ 30 分鐘。
6. 烤至金黃即可出爐。要食用時可撒上胡椒鹽或擠上檸檬汁。

Tips

烤盤鋪上蔥段，可防止魚頭黏鍋。

沙茶魚頭火鍋

台式火鍋就是要有沙茶才夠味呀～
特製的沙茶沾醬夠味又有層次，尤其魚頭跟沙茶火鍋堪稱絕配！
冷冷的天這道沙茶魚頭火鍋最適合一家大小享用。

食材／4 人份

- 鮭魚頭半顆
- 大白菜半顆
- 沙茶醬 1 大匙
- 洋蔥 ⅓ 顆
- 番茄 1 顆
- 青蔥 2 根
- 玉米 1 根
- 紅蘿蔔數片
- 蕈菇類適量
- 火鍋料適量
- 蔬菜適量
- 豬高湯 2000cc

沙茶沾醬

- 沙茶醬 2 大匙
- 醬油 1 大匙
- 烏醋 1 小匙
- 細砂糖 2 小匙
- 芝麻香油 1 小匙
- 蔥花適量
- 蒜末適量
- 辣椒末適量

作法

1. 先調製沙茶沾醬。

2. 大白菜切塊、洋蔥切絲、番茄切塊、蔥切段。

3. 熱油鍋，鮭魚頭先下鍋煎至兩面焦香，起鍋備用。

4. 將蔥白、洋蔥絲下鍋拌炒出香氣，再加入 1 大匙沙茶醬炒香。

5. 放入大白菜、玉米、紅蘿蔔片，注入豬高湯煮滾。

6. 放入鮭魚頭。

7. 將蕈菇、蔬菜、火鍋料都下鍋煮滾，馬上就能享用好吃的沙茶魚頭火鍋囉。

Tips

魚頭可採用半煎半炸少油方式，煎至表面焦香，沙茶一定要炒香，湯頭才會有層次風味！

味噌鮭魚豆腐湯

連鎖迴轉壽司店最常出現的就是這道味噌鮭魚豆腐湯了，
相較於台式味噌，日式味噌較為濃厚。
這次使用兩種不同的味噌，讓整體湯頭有了更多層次；
尤其搭配鮭魚頭，讓人想一碗接一碗呢！

食材／ 4 人份

- 鮭魚頭半顆
- 白味噌 1 大匙
- 赤味噌 1 大匙
- 板豆腐一盒
- 洋蔥半顆
- 青蔥 2 根
- 鴻喜菇半包
- 昆布 10 公分 1 片
- 柴魚片 10g
- 水 1200cc
- 食用油 1 小匙

作法

1. 洋蔥切絲、豆腐切小塊、昆布剪小塊、青蔥切成蔥花、鴻喜菇去除蒂頭。
2. 鮭魚頭洗淨後，切成塊狀。
3. 湯鍋裡倒入 1 小匙油，開中小火將洋蔥絲下鍋炒軟。
4. 放入昆布，注入水 1200cc 轉中火煮滾。
5. 鮭魚塊下鍋。
6. 鴻喜菇、豆腐也下鍋。
7. 煮至魚頭肉都熟了，熄火前用濾網將味噌以過篩方式，讓味噌溶於湯頭裡。
8. 熄火後，放入柴魚片、蔥花，就完成味噌鮭魚豆腐湯。

Tips

味噌不適合久煮，熄火前再加入味噌才能保留其風味，使用兩種不同的味噌，可嚐到味噌湯更豐富的層次口感。

鮭魚尾

鮭魚牛奶起司鍋

鮭魚和奶香風味可說是超麻吉的好朋友！
濃濃的奶香味跟鮭魚真的堪稱絕配，加上自己喜歡的蔬菜以及火鍋料，
想吃什麼都吃得到，讓人覺得好幸福喔。

食材／4 人份

- 鮭魚尾 1 塊
- 小管 1 尾
- 蛤蠣適量
- 牛奶 900cc
- 高湯 600cc
- 起司片 120g
- 洋蔥絲半顆
- 培根丁 2 片
- 鴻喜菇半盒
- 玉米筍 5 根
- 番茄 1 顆
- 香菇 3 朵
- 大白菜適量
- 春菊適量
- 青江菜適量
- 豌豆適量
- 紅蘿蔔片適量

作法

1. 洋蔥切成絲、大白菜切塊、番茄切塊。

2. 鮭魚魚尾切片、小管去除內臟及外膜，切成圈狀。

3. 準備一個淺湯鍋，熱油鍋後，將培根、洋蔥絲下鍋炒香。

4. 放入大白菜、以及事先吐過沙的蛤蠣。

5. 倒入高湯、牛奶、起司片，轉中大火煮滾。

6. 依序放入鮭魚肉、鮮香菇、玉米筍。

7. 最後放上所有的食材，煮熟後即可上桌大快朵頤。

Tips

- 高湯可使用市售的高湯塊或雞高湯罐頭，亦可自己熬煮高湯。
- 自製高湯：雞骨架或豬骨 600g，洋蔥、青蔥、西洋芹、紅蘿蔔各一根，薑片 2 片、蒜粒 3 瓣、月桂葉 1 片，水 2000cc。將汆燙好的雞骨架放入所有材料一起燉煮，煮 50 分鐘就完成高湯。

鮭魚肉燥

滷肉飯是國民小吃，那你聽過鮭魚肉燥嗎？

富含營養價值的鮭魚搭上台式滷肉的調味，有著不一樣的感覺。

對不愛吃魚的大小朋友來說，這道鮭魚肉燥可說是煮婦們的秘密武器，

滷得入味的魚肉及鹹甜的醬汁，光是淋在飯或麵一起享用，就超下飯的說。

就算一次煮太多也可以分裝保存，趕快來煮一鍋美味的肉燥吧～

食材／4 人份

- 鮭魚尾 500g
- 洋蔥半顆
- 薑 15g
- 蒜粒 3 瓣
- 辣椒 1 根
- 青蔥 1 根

調味料

- 醬油 4 大匙
- 米酒 3 大匙
- 味霖 2 大匙
- 砂糖 1 大匙
- 黑胡椒粉 1 小匙

作法

1. 洋蔥切細丁、青蔥切成蔥花、辣椒切末、蒜頭壓成細碎狀、薑磨成泥。
2. 將鮭魚切丁，魚皮也切小塊，魚骨可留下煮湯用。
3. 熱油鍋，開中小火將洋蔥、蒜末、薑末下鍋拌炒出香氣。
4. 切好的鮭魚肉丁下鍋。
5. 拌炒至魚肉出油且上色。
6. 倒入所有的調味料拌炒均勻，轉中大火煮滾。加入米酒可達到去腥提鮮的效果。
7. 蓋上鍋蓋轉小火煮約 25 分鐘，煮至魚肉入味。
8. 冷卻後，可用食物保鮮盒或食物真空袋做分裝保存；食用前，灑上辣椒、蔥花即可享用。

Tips

鮭魚肉燥可冷藏 3 天，冷凍可達 3 ～ 4 週。

麻婆豆腐

只要冰箱中有鮭魚肉燥就可以快速上桌！簡單炒香後加入豆腐拌炒，
不但吃得到魚肉的營養，更帶有豆腐的豆香，非常的下飯好吃！

食材／2 人份

- 鮭魚肉燥 100g
- 板豆腐切丁 1 盒
- 蒜末 ½ 大匙
- 蔥白 1 大匙
- 豆瓣醬 1 大匙
- 辣椒油 1 大匙
- 辣椒末 1 小匙
- 蔥花適量
- 花椒粉少許
- 水 3 大匙
- 太白粉水 1 大匙

作法

1. 中小火熱油鍋，蔥白、蒜末下鍋爆香，再放入豆瓣醬及鮭魚肉燥炒出香氣。

2. 倒入水、豆腐丁煮至入味，再加入太白粉水作勾芡。

3. 熄火前，淋上辣椒油、花椒粉，灑上蔥花及辣椒末就可盛盤。

Tips

鮭魚肉燥已有鹹度，加入豆瓣醬炒香就非常夠味！

調理包料理

肉燥乾煸四季豆

5 分鐘就可以快速上菜的料理，最適合現在忙碌的上班族；
不但吃得到蔬菜，同時也吃得到魚肉，非常適合每個人喔～

食材／2 人份

- 鮭魚肉燥 60g
- 四季豆 200g
- 蒜末 1 小匙
- 辣椒末少許
- 鹽少許
- 胡椒粉少許
- 食用油 1 大匙

作法

1. 小火熱油鍋，放入蒜末及四季豆一起下鍋炒至表面焦香。
2. 轉中火，再加入鮭魚肉燥一起拌炒均勻。
3. 起鍋前，加入少許的鹽、胡椒粉做調味，灑上辣椒末就完成囉。

Tips

拌炒蒜末及四季豆要小火慢慢煸香，火候不能太大，免得蒜末炒過頭有苦味。

金目鱸魚

鱸魚有「開刀魚」的美稱，也是調理身體的菜餚首選。金目鱸魚含有優質蛋白、脂肪含量低，也是 Costco 相當受歡迎的魚類商品之一。鱸魚肉質潔白細嫩，細刺少，較無腥；而金目鱸魚的肉質細嫩中，更帶有一絲結實口感，對喜歡吃魚的大人小孩都非常適合！

冷藏區 / 金目鱸魚（299/1kg）

挑選法

挑選金目鱸魚時，鰓呈紅色、新鮮的魚具光澤度且魚鱗完整，不新鮮者則暗濁褐色魚鱗脫落；魚眼若呈凹陷則不新鮮，新鮮的魚肉要有彈性。購買時可拿起鱸魚聞一聞，若新鮮的魚會帶點海藻味，不會有嗆鼻的腥臭味。

保存法1　分尾冷凍

Costco 販售的金目鱸魚是一盒 2 尾魚的真空包裝，買回家後可直接分尾冷凍。解凍後，可依料理需求處理。

| 2～3週
冷凍保存 | 放冷藏區
低溫解凍 |

切塊保存

將金目鱸魚切適當大小塊，用真空包裝機或食物密封袋分裝保存，料理之前放至冷藏室慢慢解凍即可。

| 2～3週
冷凍保存 | 放冷藏區
低溫解凍 |

這樣處理更好吃！

Tips 1

為了要讓魚身確實蒸熟且保有其魚肉鮮嫩口感，如果是一尾較大的鮮魚可在魚身劃個二或三刀，蒸煮時可掌握最佳的烹調時間，讓魚肉的鮮嫩滋味不流失。

Tips 2

將魚肉用滾熱的開水燙一下，再用冷水洗淨，這個作法可去除魚皮上的黏液及腥味，冷水沖洗過可達到三溫暖效益，讓魚皮及魚肉因溫差因素變得更緊實又Q彈。

Tips 3

烹煮時加入少許的白葡萄酒可增添風味，讓魚肉的鮮甜滋味更有層次。

義式風味水煮魚

中式料理有椒麻香辣的水煮魚，義式料理也有來自地中海風味的水煮魚。

利用蔬菜的鮮甜加上番茄的酸甜，以及白葡萄酒的加持。

簡單的料理方式，地中海風味的義式水煮魚輕輕鬆鬆就可以上桌！

食材／ 4 人份

- 鱸魚 1 尾
- 蛤蠣 25 顆
- 小番茄 25 顆
- 洋蔥半顆
- 蒜粒 3 瓣
- 辣椒 1 根
- 九層塔或蘿勒少許
- 不甜的白葡萄酒 250cc
- 橄欖油 2 大匙
- 鹽少許
- 黑胡椒粉 ¼ 小匙

醃料

- 米酒 1 大匙
- 鹽 1 小匙

作法

1. 洋蔥切細丁，蒜頭、辣椒及九層塔也切碎。

2. 鱸魚洗淨後，在魚身劃二刀，並用鹽、米酒抹勻，靜置 10 分鐘後擦乾水份；蛤蠣需事先吐沙。

3. 中小火熱鍋，倒入 2 大匙橄欖油，放入鱸魚煎至兩面焦香。

4. 煎好的魚推至鍋邊，加洋蔥丁、蒜末拌炒出香氣。

5. 洋蔥炒至透明狀時，倒入切半的小番茄。

6. 倒入白酒，轉中大火煮至沸騰。

7. 加入蛤蠣。蓋上鍋蓋，轉小火煮 3 ～ 5 分鐘。

8. 蛤蠣開殼後，加入適量的鹽、黑胡椒粉調味，灑上九層塔、辣椒碎，淋上 1 大匙橄欖油（份量外）即完成。

Tips

這道義式水煮魚加了不少蔬菜及蛤蠣，醬汁自然風味濃郁，不需太多的調味就能嚐到食材的美味，可搭配歐包、法棍沾上醬汁食用，亦可加入煮好的義大利麵一起享用。

泰式酸辣檸檬魚

鱸魚的肉質非常清甜，搭配特製的泰式酸辣醬更能嚐到魚肉細緻的口感，
喜歡新鮮檸檬汁酸 V 酸 V 的風味，一定不能錯過這道爽口的泰式風味料理。

食材／4 人份

- 鱸魚 1 尾
- 薑 30g
- 青蔥 2 根
- 辣椒 2 根
- 檸檬 2 顆
- 香菜 1 株

醃料

- 鹽 1 小匙
- 米酒 2 大匙

泰式酸辣醬

- 蒜泥 1 大匙
- 紅蔥頭 2 大匙
- 辣椒末 2 大匙
- 香菜梗 30g
- 檸檬汁 50cc
- 細砂糖 2 大匙
- 魚露 ½ 大匙
- 開水 2 大匙
  （調整用）

作法

1. 辣椒切細碎、薑切片、青蔥切段、檸檬切片、紅蔥頭及香菜梗都切碎。

2. 鱸魚洗淨後，魚身兩面都劃三刀。

3. 盤子以蔥段、薑片鋪底，魚肚子及魚身也放上薑片。

4. 煮一鍋熱水，放入蒸魚盤。

5. 蓋上鍋蓋，大火蒸 15 分鐘。

6. 將泰式酸辣醬的材料全部拌勻。

7. 檸檬片鋪底，撒上辣椒碎，放入蒸好的鱸魚，淋上特製的泰式酸辣醬汁。

8. 放上香菜就完成囉。

Tips

鱸魚無論是清蒸或紅燒都好吃，魚肉蒸煮的時間要掌握好，才不會因蒸太久肉質而變柴。

糖醋魚

糖醋口味料理一直深受大家喜愛,尤其是女生特別喜歡那酸酸甜甜的味道。
糖醋醬只需要準備幾樣常見的醬料即可完成,
學起來還能舉一反三完成各種糖醋料理,這道醬料一定要學會唷!

食材／4 人份

· 鱸魚 1 尾
· 薑 15g
· 洋蔥半顆
· 青蔥 1 根
· 蒜頭 2 瓣
· 彩色甜椒各半顆
· 辣椒 1 根

糖醋醬

· 番茄醬 4 大匙
· 細砂糖 2 大匙
· 白醋 2 大匙
· 烏醋 2 大匙
· 米酒 2 大匙
· 醬油膏 1 大匙

作法

1. 鱸魚洗淨後擦乾，魚身兩面各劃三刀。

2. 糖醋醬的材料先拌勻，薑、蒜頭都切碎，蔥白切碎，蔥綠及辣椒都切絲並泡冰水，洋蔥、彩椒都切丁。

3. 以中火熱油鍋，鱸魚下鍋煎至兩面金黃，先起鍋盛盤。

4. 沿用原鍋，放入洋蔥丁、蔥白、蒜末、薑末都下鍋爆香。

5. 洋蔥炒至透明狀時，倒入糖醋醬汁拌炒均勻。

6. 彩色甜椒也下鍋，拌炒一下即可熄火。

7. 將煮好的糖醋醬汁淋在鱸魚上。

8. 最後擺上辣椒絲、蔥絲即可上桌。

Tips

糖醋醬汁除了糖醋魚這道料理之外，亦可用於糖醋肉、糖醋炸雞等料理，酸甜度可依照個人喜好做調整。

薑絲鱸魚湯

薑的益處多多，鱸魚也對身體非常有幫助；

兩者相輔相成結合了這道受大家喜愛的湯品，冬天喝了禦寒，夏天喝了覺得清爽鮮甜。

掌握好火候預防魚肉過老，即可輕鬆完成。

食材／4 人份

· 鱸魚 1 尾
· 薑 15g
· 青蔥 2 根
· 枸杞 1 小匙
· 米酒 1 大匙
· 鹽適量
· 胡椒粉少許
· 水 800cc

作法

1. 鱸魚洗淨後切成塊狀，一根青蔥切成段、一根切成蔥花，薑切成絲。
2. 將切塊的鱸魚放在濾網上，用滾熱的水直接沖洗魚肉，再用冷水清洗去血水等雜質。
3. 湯鍋裡，放入鱸魚塊、蔥段。
4. 注入 800cc 的水，以中火煮滾。
5. 撈起湯頭表面上的浮渣。
6. 煮至魚肉快熟時，將蔥段撈起不用，再放入薑絲、枸杞、鹽及 1 大匙米酒。
7. 熄火後，加入蔥花、白胡椒粉即可享用。

Tips

鱸魚用熱水燙過，再用冷水沖洗，可讓魚肉更為緊實，也能去除血水等雜質，煮出來的魚湯更清甜好喝。

香魚

香魚帶些許香瓜的氣味，之所以好吃，是以肉質非常細緻為特點。由於魚刺細軟、肉質鮮美，相當受到饕客們的喜愛。簡單烘烤後，公魚可以嚐到多汁細緻的魚肉，母魚則能吃到飽滿綿密的魚卵，在日式料理店可說是高級的餐點呢！

> 冷藏區／香魚（319/1kg）　　冷凍區／母香魚（699/1kg）

挑選法

香魚身體光滑，背部有光澤者為佳。魚眼要明亮、魚背上的顏色深邃；新鮮的香魚，魚皮表面會有比較多的蛋白質，滑滑的黏液越多就代表越新鮮。魚肚渾圓代表裡面有魚卵。魚肚子不能有破裂或是下陷，表示魚身及肚內可能有受傷，較容易腐壞。

保存法1　直接冷凍

在 Costco 美式賣場可以買到精選一整盒的冷凍母香魚（有蛋），包裝裡已經是個別分裝，想要煮多少就取多少，相當方便！買回來直接放入冰箱冷凍庫保存即可。不可反覆冷凍、解凍，會造成香魚的鮮度下降，一旦解凍就要馬上料理。

> 2～3週
> 冷凍保存　　放冷藏區
> 低溫解凍

保存法2　依適量保存

如果是在冷藏區買大包裝的香魚（公香魚），買回家後將每條香魚用廚房專用紙巾先擦乾，再依每餐料理的份量用真空保裝機或食物保鮮袋分裝保存。

> 2～3週
> 冷凍保存　　放冷藏區
> 低溫解凍

做成冷盤菜

如果一次買多，也可以先料理成冷盤菜再分裝冷凍保存，要吃時只需解凍就能快速輕鬆上桌。製作方式請見 P102 香魚甘露煮。

2～3週
冷凍保存

自然解凍或是以微波爐解凍

這樣處理更好吃！

Tips 1

將香魚洗淨後用廚房專用紙巾先擦乾，灑上一小匙鹽將魚身都抹勻，接著靜置 5 分鐘，再用清水將香魚表面的黏液洗淨並擦乾，就可以進行接下來的料理。

Tips 2

將香魚洗淨後放入烤箱，烤至表面呈現焦香狀濃縮其風味，經過細火慢燉後，魚身不會鬆散且更容易吸附其醬汁，讓魚肉口感更加濃郁有層次。

Tips 3

香魚不需特別去除內臟，有點苦苦的內臟吃起來會有甘苦的滋味。在魚鰭、魚尾塗厚一點的鹽，烘烤時可以降溫，防止烤焦；而魚身用海鹽或鹽之花，吃起來魚肉也不會死鹹喔！

鹽烤香魚佐檸檬角

燒烤時我們常常烤香魚，烤完後的香魚卻體無完膚或是燒焦了，
只要掌握幾個小撇步就能輕鬆烤魚。
經過烘烤過的香魚，鮮味被完全鎖住，簡單調味就非常吸引人。

食材／2 人份

· 香魚 2 尾
· 海鹽適量
· 檸檬 1 顆
· 鹽之花 1 小匙
· 胡椒鹽少許

作法

1. 將香魚表面用清水沖洗，再用紙巾擦乾魚身。

2. 在魚鰭部份與魚尾塗上厚一點的海鹽，這樣烘烤時不容易烤焦。

3. 魚身灑上少許的鹽之花，再用烤肉鐵叉或是竹籤將魚身串起，將串起的香魚放在烤網架上。

4. 烤箱以 200℃ 先預熱，將香魚放進烤箱。

5. 烘烤時間約 12 ～ 15 分鐘，烤至魚肉變熟即可出爐。

6. 魚肉的鮮甜滋味完全被鎖住，搭配檸檬、胡椒鹽一起享用，非常美味！

Tips

· 香魚不需特別去除內臟，有點苦苦的內臟吃起來會有甘苦的滋味，更是許多老饕眼中的美味呢！

· 在魚鰭、魚尾塗厚一點的鹽，烘烤時可以降溫，防止烤焦；而魚身用海鹽或鹽之花，魚肉吃起來也不會死鹹。

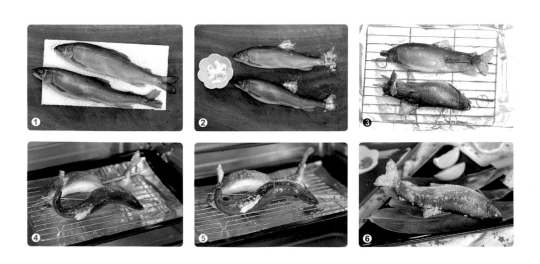

香魚甘露煮

小火慢煮的方式讓我們看見慢工出細活，有別於常見的煎烤方式，
這道香魚甘露煮可說是日本媽媽們最擅長的下酒菜料理，
可以熟食或當冷盤菜來享用，
用日式佃煮的作法讓香魚慢慢熬煮，成品絕對讓人大吃一驚的美味！

食材／4 人份

- 香魚 4 尾
- 青蔥 3 根
- 薑 20g
- 焙煎白芝麻 1 小匙

醬汁
- 清酒 3 大匙
- 醬油 3 大匙
- 味霖 3 大匙
- 酸梅 6 顆
- 冰糖 3 大匙
- 海鹽 1 小匙
- 麥芽糖 1 大匙
- 水 800cc

作法

1. 將醬汁全部先拌勻，備用；青蔥切段、薑切成片狀。
2. 香魚使用鹽水（份量外）將表面的黏液洗淨，再用廚房專用紙巾擦拭乾淨。
3. 將香魚放在烤盤的網架上，烤箱先預熱至 200℃。
4. 送進烤箱烘烤約 15 分鐘，約 7 ～ 8 分熟即可出爐。
5. 準備一個寬口徑的淺鍋，以蔥段、薑片鋪底，放上烤過的香魚。
6. 倒入調好的醬汁。
7. 開中大火煮滾。
8. 煮滾後，蓋上落蓋或木質鍋蓋，轉小火，慢煮 2 小時。
9. 2 小時後，就完成香魚甘露煮，煮至入味的香魚，非常下飯又好吃。

Tips

落蓋日文稱為「ひじき」，一般日本家庭料理在做煮物時，會用一個木製的蓋子放在鍋裡蓋在食材上，燉煮時能讓魚類或根莖類的食材，在燉煮完成後還能保持完整，不鬆散開來。也可以利用烘焙紙，或是錫箔紙，將其裁剪成跟鍋子差不多的大小，並在上面裁幾個小洞，做為氣孔，效果和落蓋是一樣的。

義式風味嫩煎香魚

這道料理採用義式香料以及調味料來烹煮，
色彩繽紛的蔬菜丁經過簡單拌炒調味十分美味，
點綴在主角香魚身上，讓人看了眼睛為之一亮！

食材／2 人份

- 香魚 2 尾
- 彩色甜椒 ⅓ 顆
- 洋蔥 ¼ 顆
- 櫛瓜 1 根
- 黃檸檬半顆
- 蒜粒 2 瓣
- 橄欖油 1 大匙
- 巴薩米克醋 1 小匙
- 海鹽 ⅓ 小匙
- 黑胡椒粉 ¼ 小匙
- 義式香料粉 ¼ 小匙

作法

1. 香魚洗淨後，用 1 小匙鹽（份量外）抹勻，靜置 5 分鐘，再用清水洗淨擦乾。

2. 將蔬菜都切成細丁，蒜粒切碎。

3. 中小火熱鍋後，倒入橄欖油（份量外），將香魚下鍋煎至兩面金黃，起鍋備用。

4. 沿用原鍋，將洋蔥丁、蒜末都下鍋炒出香氣，再將蔬菜丁下鍋拌炒。

5. 倒入巴薩米克醋、海鹽、黑胡椒粉、義式香料粉做調味，拌炒均勻即可熄火。

6. 將義式蔬菜丁搭配煎好的香魚，淋上 1 大匙橄欖油即可享用。

Tips

香魚的肉質鮮嫩，搭配義式風味的蔬菜丁，嚐起來更甚美味，建議炒蔬菜丁不需炒太久，保留蔬菜的清脆口感最好吃！

虱目魚肚

虱目魚又稱狀元魚、牛奶魚，喜歡吃魚的朋友們都知道要吃虱目魚肚，可說是最美味的部位，香煎或煮粥、煮魚湯都很好吃，魚肉細嫩和腹部那片油脂富含膠質，營養高又養顏美容呢！

冷藏區／虱目魚肚（529/1kg）

挑選法

挑選虱目魚時眼睛要清澈、魚鰓呈紅色、魚鱗帶有銀色的光澤為佳。通常虱目魚全身帶有許多細刺，光是要處理這些魚刺就讓人相當頭疼！ Costco 所販售的無刺虱目魚肚則是以人工方式，將每片魚肚都特別除去魚刺，再經過分裝急速冷凍，購買時只要挑選包裝完整，無解凍過，有效的保存期限等。

保存法1　分片包裝

Costco 的無刺虱目魚肚是一大盒，採用 4 大包真空包裝，採買回來後直接放入冰箱冷凍庫保存相當方便。

| 2～3週
冷凍保存 | 放冷藏區
低溫解凍 |

將虱目魚切成片狀，依料理份量分裝保存放進冷凍庫，方便煮粥或煮湯時加入，相當省時。

| 2～3週
冷凍保存 | 放冷藏區
低溫解凍 |

這樣處理更好吃！

Tips 1

香煎方式可以嚐到虱目魚肚最肥美又鮮甜的口感。

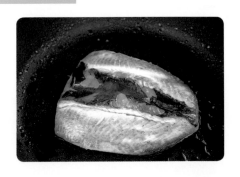

Tips 2

虱目魚肚非常適合清蒸料理，可用薑絲、蔥絲做提味，加入破布子也能增添甘甜的風味。

Tips 3

將虱目魚肚切成小塊狀，煮成鹹粥或湯品也相當美味！

古早味虱目魚粥

吃膩了外面大魚大肉，沒有過度調味的虱目魚粥反而格外吸引人！
吃起來清爽簡單又沒負擔，這道古早味虱目魚粥也是大人小孩最愛的鹹粥，
充滿了食材最鮮美的好滋味。

食材／2 人份

- 虱目魚肚 1 片
- 冷凍白米 100g
- 青蔥 1 根
- 芹菜 2 根
- 香菜 1 根
- 薑 10g
- 高湯 800cc
- 油蔥酥 1 大匙

調味料

- 海鹽 1 小匙
- 白胡椒粉少許
- 米酒 1 小匙

作法

1. 薑切絲，青蔥切成蔥白、蔥花，芹菜、香菜切碎。
2. 將虱目魚切成片狀。
3. 起油鍋，將蔥白以小火煸至金黃。
4. 倒入高湯，將冷凍白米下鍋，先煮滾。
5. 小火煮約 6 分鐘，白米很快就變白粥，當粥底煮好時，接著加入虱目魚肚。
6. 加入調味料、薑絲。
7. 待魚肉都煮熟，最後加入油蔥酥、蔥花、芹菜、香菜即可熄火。

Tips

冷凍白米：將白米洗淨後放入冰箱冷凍室冰凍 30 分鐘，米粒的組織會受到破壞而產生一個個蜂巢狀小孔，吸水力因而增強，遇到熱水後，米粒將變得鬆散，可快速煮成白粥喔！

樹籽蒸魚

破布子有著它獨特鹹香的味道，這道家常菜每每上桌都被秒殺，

新鮮又肥美的魚肉不需要過多的調味，搭配破布子天然鹹香的味道，

經過蒸煮後更能襯出魚肉的鮮甜，喜歡吃魚的朋友們絕對不能錯過這一味！

食材／2 人份

· 虱目魚肚 1 片
· 破布子 2 大匙
· 薑 3 片
· 青蔥 2 根
· 辣椒 1 根
· 鹽 ¼ 小匙
· 米酒 1 大匙

作法

1. 青蔥 1 根切段，另 1 根蔥白切成絲、蔥綠切成蔥花，薑切絲、辣椒切圈狀。

2. 虱目魚肚洗淨擦乾，抹上鹽及米酒，醃漬 15 分鐘。

3. 以蔥段鋪底、放上虱目魚肚、接著在上面放薑絲、蔥白絲。

4. 淋上破布子及湯汁。

5. 放入蒸鍋裡，以大火蒸 10 ～ 12 分鐘。

6. 蒸好後，再放入蔥綠、辣椒圈就完成。

Tips

破布子連同湯汁一起蒸魚，不需太多的調味就能嚐到魚肉的鮮美。

酒香麻油虱目魚肚

麻油富有單元不飽和脂肪酸和維他命 E，對人體有許多益處。
但太濃厚的麻油風味似乎又很難讓所有人接受。
這道以高湯為基底加入些許黑麻油調味，讓整道菜充滿麻油香氣卻不會過濃，
就算不愛吃麻油的朋友也能接受喔。

食材／2 人份

- 虱目魚肚 1 片
- 黑麻油 1 大匙
- 老薑 1 小塊
- 米酒 100cc
- 枸杞 1 小匙
- 鹽少許
- 高湯 250cc

作法

1. 老薑切成薄片。

2. 枸杞先用米酒浸泡，備用。

3. 虱目魚肚洗淨後擦拭水份，熱油鍋後將虱目魚肚下鍋。

4. 開中小火將虱目魚肚煎至兩面金黃，起鍋備用。

5. 沿用原鍋，倒入薑片、黑麻油，轉小火慢慢煸至薑片邊緣呈現捲曲狀。

6. 放入煎好的虱目魚肚，倒入枸杞米酒。

7. 轉中火將米酒煮至酒精揮發，再倒入高湯。

8. 煮滾後，加入少許的鹽調味，酒香麻油虱目魚肚就完成囉。

Tips

- 黑麻油經高溫烹煮容易產生苦味，當煸香薑片時，務必要轉小火慢慢煸香。
- 米酒下鍋時，需煮至酒精揮發，才不會產生苦味。

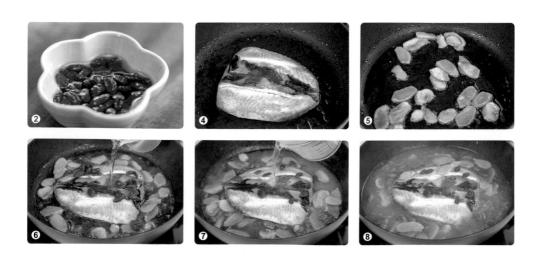

香菇虱目魚漿

虱目魚除了常吃的虱目魚肚之外，也會做成魚漿來使用。虱目魚漿除了保留虱目魚的鮮味，還有加入香菇做調味，無論是煮湯、火鍋、做浮水魚羹，還可以加入蔬菜丁變化成三色煎餅，當肚子餓時輕鬆用魚漿就可做出各式美味的料理。

冷凍區／香菇虱目魚漿（369/1kg）

挑選法

Costco 所販售的香菇虱目魚漿是採冷凍保存，挑選時要確認沒有解凍過，呈現冷凍狀態為佳，避免買到已解凍的商品，鮮度會下降；由於香菇虱目魚漿已經調味，烹調時不需再多做調味，直接解凍即可進行料理。

保存法1 小包裝直接冷凍

Costco 販售的虱目魚漿是一大盒裡有 6 小袋，是小包裝冷凍設計，買回家後直接放入冷凍庫保存，料理時可拿出適合的份量，方便直接解凍使用。

2～3週
冷凍保存

放冷藏區
低溫解凍

保存法2 做成調理包

可做成魚丸再分裝冷凍保存，料理時直接解凍可以炒菜、煮湯麵、煮湯都非常方便享用。製作方法請見 P120 虱目魚丸調理包

2～3週
冷凍保存

自然解凍或
是以微波爐
解凍

這樣處理更好吃！

Tips 1

虱目魚漿可以加入喜歡的配料做成魚丸。

Tips 2

或將蔬菜丁拌入虱目魚漿裡，用平底鍋香煎成好吃的蔬菜煎餅。

Tips 3

虱目魚漿還可以做成高麗菜捲的內餡，好吃又美味！

Tips 4

煮湯或吃火鍋時，可擠出適口大小的份量做浮水魚羹，湯頭提鮮簡單又方便！

虱目魚浮水魚羹

冰箱裡隨時準備好虱目魚漿，
當需要煮湯麵或羹湯時便可以立刻派上用場，
是忙碌家庭主婦的好幫手唷～

食材／4 人份

- 香菇虱目魚漿 200g
- 乾香菇 2 朵
- 白蘿蔔 150g
- 紅蘿蔔 100g
- 芹菜珠 1 大匙
- 柴魚片 5g
- 水或高湯 1000cc

勾芡用

- 日本太白粉 2 大匙
- 水 3 大匙

調味料

- 鹽 1 小匙
- 白胡椒粉 ⅓ 小匙
- 芝麻香油 ½ 小匙

作法

1. 白蘿蔔、紅蘿蔔切成塊狀，紅蘿蔔可用壓模壓出造型。
2. 乾香菇用冷水泡軟後、切絲，香菇虱目魚漿先退冰至半解凍狀態。
3. 湯鍋裡注入水或高湯，開中小火先煮滾，放入蘿蔔、香菇絲再次煮滾。
4. 先熄火，將香菇虱目魚漿用筷子刮入湯中成條狀。
5. 開中火再次將湯汁煮滾，魚羹浮起後加入柴魚片。
6. 加入鹽調味，試一下味道做調整，再倒入太白粉水勾芡。
7. 熄火前加入芹菜珠、白胡椒粉、芝麻香油即完成。

Tips

香菇虱目魚漿是有調味的，料理時可加入蔬菜湯或是湯麵增加豐富性，可隨時變化出好吃又美味的佳餚。

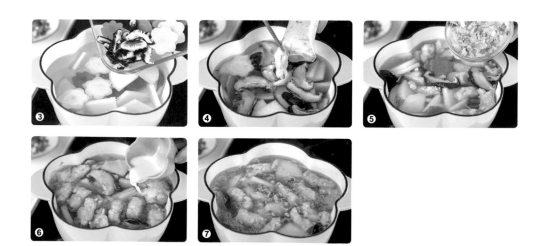

三色野菜煎餅

你想得到嗎？香菇虱目魚漿除了煮湯還能做三色野菜煎餅！

就算不擅長廚藝的你也可以完成～

魚漿彈牙的口感和蔬菜搭配，適合小朋友當點心或是做為平常的便當菜。

食材／2 人份

- 香菇虱目魚漿 150g
- 冷凍三色蔬菜 100g
- 鹽 ⅓ 小匙
- 胡椒粉 ¼ 小匙

沾醬

- 醬油 1 大匙
- 白醋 ½ 大匙
- 細砂糖 1 小匙
- 辣椒末 1 小匙
- 蒜末 1 小匙
- 開水 1 大匙

作法

1. 香菇虱目魚漿稍微退冰解凍。
2. 調製沾醬，將所有材料都拌勻。
3. 將香菇虱目魚漿拌入三色蔬菜。
4. 加入少許的鹽、胡椒粉做調味。
5. 小火熱油鍋，取適量的魚漿，整成圓餅狀再下鍋煎。
6. 煎至兩面金黃即可起鍋，食用時可搭配沾醬一起享用。

Tips

- 製作煎餅時，手抹一些食用油可防沾黏。
- 香菇虱目魚漿本身已有調味，不需再加入太多的調味料。

虱目魚丸

虱目魚漿還能這樣做～自製的虱目魚丸可以再加入一些配料，
讓原本簡單的虱目魚漿多了點風味。
完成分裝冷凍保存還可以存放 1 個月，美味的虱目魚丸隨時上桌！

食材／6 人份

- 香菇虱目魚漿 400g
- 白蘿蔔 1 根
- 紅蘿蔔 1 根
- 紅蘿蔔細丁 30g
- 玉米 1 根
- 香菜少許
- 芹菜少許
- 蔥花 1 大匙
- 油蔥酥適量
- 水 1500cc

調味料

- 鹽適量
- 胡椒粉 ⅓ 小匙

作法

1. 將蘿蔔去皮後切塊、玉米切塊、芹菜及香菜切碎。
2. 香菇虱目魚漿稍微解凍後,加入芹菜珠、紅蘿蔔細丁、油蔥酥等材料。
3. 用筷子以順時針方向拌勻。
4. 將拌勻的香菇虱目魚漿以手的虎口捏出圓形。
5. 水滾後先熄火,將成型的魚丸一一下鍋。
6. 開中火再次煮至魚丸浮起水面。
7. 煮好的魚丸先起鍋。
8. 利用煮魚丸的湯,將玉米、蘿蔔塊都下鍋煮。
9. 煮至蘿蔔都全熟,放入幾顆魚丸再次煮滾,熄火前加入鹽、白胡椒粉做調味,灑上芹菜珠、香菜、油蔥酥就完成。
10. 魚丸冷卻後,可用真空包裝或食物保鮮袋做分裝保存,冷凍可保存一個月,食用前再退冰解凍即可使用。

Tips

香菇虱目魚漿可以加入蔬菜丁及油蔥酥等材料做變化,完成的魚丸待冷卻後,可分裝冷凍保存一個月。

咖哩魚丸燴飯

冰箱裡隨時備有虱目魚丸,是煮婦們的救星,利用手邊現有的食材,
可以輕鬆變化出大人小孩都愛的咖哩魚丸燴飯,非常適合忙碌的現代人～

食材／2 人份

· 虱目魚丸 5 顆
· 洋蔥丁 ¼ 顆
· 鴻喜菇適量
· 咖哩粉 1 大匙
· 高湯適量
· 白飯 2 人份
· 太白粉水適量

蔬菜

· 玉米筍丁 3 根
· 彩色甜椒丁適量
· 綠花椰菜適量

作法

1. 將虱目魚丸切成片狀,綠花椰汆燙熟,熱油鍋將
   洋蔥炒至透明狀,再放入魚丸片拌炒。

2. 加入咖哩粉炒上色,依序加入鴻喜菇及蔬菜,加
   入水煮滾。

3. 熄火前,加入太白粉水勾芡,起鍋,淋在熱飯上
   就是好吃的燴飯囉。

Tips

咖哩粉也可以用咖哩塊替代喔。

虱目魚丸什錦烏龍麵

什錦烏龍麵顧名思義就是有各種配料，因此不論冰箱裡有什麼都可以加入。
只要快速拌炒就能上桌，簡單快速又美味。

食材／2 人份

· 虱目魚丸 5 顆
· 烏龍麵 2 人份
· 蔥 1 根
· 洋蔥絲 20g
· 甜豆適量
· 紅蘿蔔適量
· 熟蝦仁 30g
· 小管 50g
· 水適量

調味料
· 鹽 ⅓ 小匙
· 柴魚醬油 1 小匙
· 胡椒粉 1 小匙

作法

1. 虱目魚丸切成片狀、蔥切段、紅蘿蔔切條狀、小管切小塊。

2. 熱油鍋，將蔥白、洋蔥絲炒出香氣，放入所有食材（烏龍麵、水除外）拌炒均勻。

3. 注入適量的水、烏龍麵拌炒均勻，最後加入調味料做調味，灑上蔥花就完成囉。

Tips

海鮮很快就炒熟，烏龍麵可以先用熱水汆燙軟再下鍋，可縮短烹調加熱時間。

和風高麗菜捲

日式關東煮的經典絕對是高麗菜捲,高麗菜的鮮甜搭配豐富的內餡,
跟高湯的味道合而為一,讓人食指大動。
簡易版的高麗菜捲就是這麼簡單,趕快跟著做出這道經典的料理吧～

食材／ 4 人份

- 香菇虱目魚漿 300g
- 高麗菜 6 片
- 紅蘿蔔 30g
- 荸薺 120g
- 日式高湯 300cc

勾芡用

- 太白粉 2 大匙
- 水 3 大匙

調味料

- 鹽 ⅓ 小匙
- 白胡椒粉 ⅓ 小匙

作法

1. 將高麗菜葉用熱水燙熟，粗梗處用刀子修切。
2. 荸薺、紅蘿蔔切細丁後，連同調味料都加入香菇虱目魚漿裡拌勻。
3. 高麗菜葉鋪平，取適量的魚漿。
4. 將高麗菜葉左右邊往內摺，再順著捲起。
5. 捲成蔬菜捲後，取一小截義大利麵條穿插在接口處，可讓高麗菜捲定型。
6. 高麗菜捲擺放在鍋裡，盡量不重疊，倒入高湯、鹽、白胡椒粉，開中小火燉煮 20 分鐘。
7. 煮至入味後，加入太白粉水勾薄芡即可熄火。

Tips

除了用義大利麵條做定型之外，也可以用燙軟的韭菜花梗、水蓮梗來綑綁高麗菜捲。

煙燻鮭魚

煙燻鮭魚是料理中非常萬用好食材，獨特的醃燻風味及細緻鮮甜的絕佳口感，是每次到 Costco 必買的商品之一。煙燻鮭魚可以直接吃，並可當貝果、三明治的夾餡或搭配生菜沙拉，也是很棒的前菜小點心，連法式鹹派都少不了它。

冷藏區／煙燻阿拉斯加野生紅鮭（799/1kg）

挑選法

在購買煙燻鮭魚等冷藏鮮食時，需要先挑選包裝完整，以及包裝上的保存期限標示；只需退冰便可直接享用。

保存法1　直接冷凍

通常都是切成片的完整包裝，買回家只要放在冷凍庫儲存就好，要吃的時候，移到冷藏室自然解凍，解凍後即可食用，是非常方便的海鮮料理。

2～3週
冷凍保存

放冷藏區
低溫解凍

保存法2　小袋分裝

可以將大包裝的煙燻鮭魚分裝成小袋保存，依照每次料理的份量，用食物保鮮袋分裝好，把多餘的空氣壓出並密合，平放冷凍庫。

2～3週
冷凍保存

放冷藏區
低溫解凍

這樣處理更好吃！

Tips 1

煙燻鮭魚是法式鹹派最美味的主要食材，也常用在義大利麵或涼拌沙拉等料理上。製作方法請見 P128 法式鄉村鹹派。

Tips 2

煙燻鮭魚解凍後即可食用，淋上油醋醬汁就非常美味！油醋醬汁製作方法請見 P130 煙燻鮭魚橄欖佐油醋醬。

Tips 3

或是搭配貝果淋上莎莎醬一起食用，好吃又方便呢！莎莎醬製作方法請見 P132 貝果煙燻鮭魚佐莎莎醬。

法式鄉村鹹派

法式鹹派裡有著豐富的內餡，其中煙燻鮭魚和菠菜可說是鹹派口味中的經典。

以搭配絕佳比例的奶香醬汁，再烘烤至表面金黃的鹹派及酥脆的塔皮，

一出爐就讓人迫不及待想嚐一口，這道鹹派很適合在悠閒假日當做早午餐或是下午茶～

食材／4 人份

- 煙燻鮭魚 3 片
- 菠菜 80g
- 洋蔥丁 20g
- 市售 6 吋派皮
- 乳酪絲 100g

內餡醬汁
- 動物性鮮奶油 200ml
- 雞蛋 1 顆
- 黑胡椒粉 ¼ 小匙
- 鹽 ¼ 小匙

作法

1. 市售派皮稍微退冰之後，用叉子在派皮底部刺出些許小洞，再塗抹少許蛋汁，進烤箱以 160℃ 先烤 10 分鐘，出爐備用。

2. 煙燻鮭魚取出需要的份量，切成小片狀。

3. 將內餡醬汁先拌勻。

4. 熱油鍋，將洋蔥丁炒至透明狀，再將切碎的菠菜下鍋炒軟，起鍋放涼備用。

5. 派皮冷卻後，放入一半的乳酪絲，再加入炒好的菠菜、煙燻鮭魚。

6. 倒入內餡醬汁，約 8 分滿。

7. 灑上乳酪絲，喜歡可以多放一些。

8. 烤箱事先進行預熱 200℃。

9. 烘烤時間約 20 ～ 25 分鐘，烤至表面金黃即可出爐。

Tips

派皮底部用叉子刺些洞口及塗抹少許蛋汁，在烘烤時才會定型，派皮口感上也更酥脆。

煙燻鮭魚橄欖佐油醋醬

義式餐廳常出現的前菜在家也能輕鬆做！
看似高貴的醃燻鮭魚其實很親切的，只要選用適當的油和醋，
就能讓醃燻鮭魚的美味嶄露無疑！

食材／3 人份

· 煙燻鮭魚 3 片
· 黑橄欖適量
· 綜合生菜適量
· 小番茄 8 顆
· 黃檸檬半顆

油醋醬汁

· 初榨冷壓橄欖油 3 大匙
· 巴薩米克醋 1 大匙
· 海鹽 ¼ 小匙
· 黑胡椒粉少許
· 檸檬汁 1 大匙

作法

1. 綜合生菜洗淨、一半的黑橄欖切片、檸檬切小片、小番茄切半。

2. 調製油醋醬汁。

3. 煙燻鮭魚切小片，將整顆的黑橄欖用煙燻鮭魚捲起包覆。

4. 再用竹籤串起。

5. 以生菜、小番茄、檸檬片做擺盤裝飾，放上煙燻鮭魚串。

6. 食用前，淋上油醋醬汁即可享用。

Tips

煙燻鮭魚的口感相當細緻，建議使用的橄欖油要選擇特級初榨冷壓橄欖油及高品質的巴薩米克醋，更能嚐到煙燻鮭魚的美妙滋味！

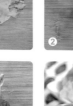

貝果煙燻鮭魚佐莎莎醬

莎莎醬有種酸酸辣辣的感覺，特別開胃！
煙燻鮭魚在莎莎醬的襯托下更能顯現出風味，吃膩了一般的貝果，
不如自己動手做出迷人的莎莎醬來搭配吧！

食材／1 人份

- 煙燻鮭魚 3 片
- 貝果 1 個
- 生菜適量
- 洋蔥絲適量
- 小黃瓜 1 根

莎莎醬

- 洋蔥丁 2 大匙
- 紫洋蔥丁 1 大匙
- 蒜末 1 小匙
- 甜椒丁 1 大匙
- 番茄丁半顆份
- 蘿勒葉少許
- 橄欖油 1 大匙
- 鹽少許
- 黑胡椒粉少許
- 檸檬汁 1 大匙

作法

1. 小黃瓜洗淨後切成薄片。
2. 莎莎醬的所有材料，也可以直接當沙拉食用。
3. 將莎莎醬的所有材料拌勻。
4. 貝果切半，淋上香料橄欖油。
5. 送進烤箱烤至表面金黃，即可出爐。
6. 烤好的貝果以生菜、洋蔥絲鋪底。
7. 放上煙燻鮭魚、小黃瓜片。
8. 淋上莎莎醬就可以食用。

Tips

香料橄欖油的作法：橄欖油 1 大匙＋少許的義式香料粉、巴薩米克醋，拌勻即可。

鯷魚

鯷魚是許多地中海料理常會用到的素材，通常都是以油漬方式製作，鯷魚經過長時間的油漬環境下，將香氣、鮮味做了濃縮與提升。在料理時加入少許的鯷魚可以有畫龍點睛的味蕾效果，不只適合烤蔬菜、義大利麵、沙拉醬都非常美味。

冷藏區／鯷魚（198/ 罐）

挑選法

油漬鯷魚通常是以罐頭做保存，購買時要確認外包裝是否完整、產地、內容物及年限等標示。

料理法

油漬鯷魚本身鹹度很高，打開罐頭會聞到鯷魚獨特的味道，一般來說並不會直接食用，因為氣味濃郁，一次用量不用多，用於冷食、熱食都很適合，料理時只需取少許的鯷魚做提味。

保存法1　直接冷藏保存

在 Costco 美式賣場都能買到油漬鯷魚，通常都是以罐頭為包裝。買回來開罐後要放冰箱冷藏保存，建議盡早食用完畢為宜。

開罐後盡早
食用完畢

放冷藏區
保存

做成調理包

鰻魚主要是提味，用量不需太多，可以做成鰻魚奶油醬放冰箱冷藏（不要碰到任何水份）、冷凍做保存，無論是烤蔬菜、炒飯、義大利麵、吐司抹醬都能為料理大大加分。製作方法請見 P136 鰻魚奶油醬調理包。

| 5～6天
冷藏保存 | 2～3週
冷凍保存 | 放冷藏區
低溫解凍 |

這樣處理更好吃！

Tips 1

無論是烤蔬菜、炒飯、炒義大利麵時，加入幾尾的鰻魚做提味，可大大提升菜餚的層次口感，香氣及風味都變得格外美味。

Tips 2

鰻魚剁碎後拌入無鹽奶油可變化為最棒的抹醬，適合塗抹吐司、法棍，做料理時還可加入適量的鰻魚醬做調味。

鯷魚奶油醬

不要以為鯷魚奶油醬會有很重的魚腥味，

鯷魚的風味和奶油相輔相成，

最後再用黑胡椒粉點綴整體，不論搭配什麼都很正點！

食材／6 人份

· 無鹽奶油 200g
· 鰻魚 6 尾
· 黑胡椒粉 1 小匙

作法

1. 無鹽奶油放室溫回溫，按壓下去有凹痕即可。
2. 鰻魚取出後瀝乾油，切成細碎狀。
3. 無鹽奶油放至調理碗裡，攪拌成乳霜狀。
4. 放入切碎的鰻魚、黑胡椒粉，攪拌均勻。
5. 準備一張烘焙紙，放入拌好的鰻魚奶油醬。
6. 將烘焙紙兩端捲成糖果狀，放冰箱冷凍定型。
7. 完成的鰻魚奶油醬，冷凍可保存 1 個月。

Tips

鰻魚奶油醬無論是做為法棍、吐司的抹醬，或是烤蔬菜、炒飯、義大利麵，用上 1 大匙都非常美味！

香辣鰻魚炒磨菇

鰻魚的鹹香加上奶油的香氣，與磨菇搭配融為一體；
無論是義大利麵或法國麵包都十分適合！

食材／2 人份

· 鰻魚奶油醬 1 大匙
· 磨菇 1 盒
· 蒜末 1 小匙
· 辣椒末少許
· 巴西里少許

作法

1. 磨菇用廚房餐巾紙擦拭乾淨，或用水快速沖洗乾淨，擦乾，磨菇切片狀。
2. 熱鍋後，放入磨菇片，小火焗至焦香狀，再放入蒜末炒出香氣。
3. 熄火前，加入 1 大匙的鰻魚奶油醬拌炒均勻，灑上辣椒碎及巴西里就可盛盤。

Tips

磨菇含水量極高，不建議水洗，會將蕈菇的香氣流失，或使用流動水快速沖洗，馬上用餐巾紙擦拭水份即可。

調理包料理

鯷魚芥籽醬筆管麵

鯷魚鹹香的風味與芥末籽堪稱絕配，沒有過多複雜的烹煮方式，
簡單拌炒義大利麵即可快速上菜。

食材／1 人份

· 鯷魚奶油醬 1 大匙
· 筆管麵 1 人份
· 第戎芥末籽醬 1 小匙
· 袍子甘藍適量
· 蒜末 ½ 大匙
· 辣椒末少許
· 巴西里少許
· 帕瑪森乳酪粉適量

作法

1. 煮一鍋熱水，加鹽再放入義大利筆管麵，煮至喜歡
   的熟度，袍子甘藍用煮麵水燙熟，再切半。
2. 冷鍋冷油，放入蒜末、袍子甘藍以小火煸出香氣，
   放入煮好的筆管麵、鯷魚奶油醬及芥末籽醬拌炒均
   勻。
3. 熄火後，灑上帕瑪森乳酪粉、巴西里就完成囉。

Tips

筆管麵也可以用其他義大利麵替代。

蒜香鯷魚蛋炒飯

利用鯷魚鹹香的口感可讓炒飯的口感大大升級！
鯷魚的用量不需太多，就能為每一道料理帶來不同的味蕾享受，
是料理時不可少的最佳秘密武器！

食材／2 人份

· 鰻魚 3 片
· 香腸 2 根
· 白飯 1 大碗
· 青蔥 1 根
· 蒜末 1 大匙
· 雞蛋 1 顆
· 鹽 ⅓ 小匙
· 黑胡椒粉少許

作法

1. 香腸切細丁，青蔥切成蔥白、蔥花。

2. 雞蛋打成蛋汁，鰻魚切碎。

3. 中小火熱鍋，放入香腸丁、蔥白、蒜末拌炒出香氣。

4. 炒至香腸丁釋出油脂，放入鰻魚炒香。

5. 將炒好的食材推至鍋邊，倒入蛋汁。

6. 在蛋汁上倒入白飯。

7. 轉中火，將米飯與蛋汁拌炒均勻。

8. 炒至粒粒分明時，加入鹽、黑胡椒粉做調味，熄火前灑上蔥花就完成囉！

Tips

鰻魚本身就有鹹味，調味時不需放太多的調味料，就非常美味！

橄欖油香蒜鯷魚烤白花椰菜

這道烤蔬菜嚐到的口感是脆脆的，很奇妙的味蕾享受！

其中鯷魚鹹香的滋味更是讓烤蔬菜大大加分的元素之一，

喜歡吃白花椰菜的朋友們絕不能錯過！

尤其肉類吃多了，偶爾換換口味，可以讓飲食均衡一下呦～～

食材／4 人份

- 白花椰菜 1 顆
- 鰻魚 3 尾
- 蒜粒 3 瓣
- 辣椒 1 根
- 橄欖油 2 大匙
- 綜合堅果 2 大匙

調味料

- 鹽 ½ 小匙
- 黑胡椒粉 ⅓ 小匙
- 匈牙利紅椒粉 ⅓ 小匙

作法

1. 辣椒、蒜粒、鰻魚都切碎。

2. 白花椰菜洗乾淨後，剝成一小朵。

3. 將調味料先拌勻。

4. 取一個烤盤，放入白花椰菜，灑上鰻魚及調味料。

5. 淋上橄欖油，全部拌勻。

6. 烤箱先預熱至 200℃，送進烤箱烤 15 分鐘。

7. 烤至白花椰菜表面焦黃即可出爐，灑上堅果、辣椒碎就可以享用。

Tips

鰻魚的滋味和許多食材都很搭，用量記得不需太多，提鮮增味就對了！

銀獅鯧魚

Costco 所販售的銀獅鯧魚則是銀鯧，整體的口感扎實飽滿，肉質更加細緻綿密，其魚片以薄鹽醃漬過更能襯出魚肉的鮮美滋味，非常方便做成各式料理，無論是香煎、燒烤、燉煮都很好吃。

> 冷凍區 / 鹽漬銀獅鯧切片（439/1kg）

挑選法

Costco 所販售的鹽漬銀獅鯧切片，經捕撈後先去鰓、去頭及內臟都處理乾淨，再以薄鹽方式做醃漬調味，這醃漬手法可將魚肉的鮮美完全鎖住。購買鹽漬銀獅鯧時是採用切成片狀的冷凍包裝，每一盒都有好幾片的魚肉，建議要挑選完整的包裝、標示清楚產地、內容物、有效期限等說明，且魚片未經解凍過的，才能保持魚肉最好的鮮度。

保存法1　直接冷凍

通常採買生鮮冷凍商品時，建議全程都要使用冷凍保鮮袋，讓冷凍商品從採買到家都能保有最佳的冷凍狀態，可避免因為溫度變化而造成食材的鮮度流失，買回家後要盡快放入冰箱冷凍保存。

> 2～3週
> 冷凍保存

> 放冷藏區
> 低溫解凍

分適量包裝

由於包裝裡有好幾片魚肉，為了方便日後取用，建議先將每餐所需的魚肉份量，使用真空保鮮袋或食物密封袋做分裝及冷凍保存，這樣可讓魚肉的鮮度保持在最佳狀態。

| 2～3週 冷凍保存 | 放冷藏區 低溫解凍 |

這樣處理更好吃！

Tips 1

銀獅鯧魚片的肉質細緻又肥美，非常適合直接香煎或燒烤料理，鹹香的好滋味非常下飯喔！

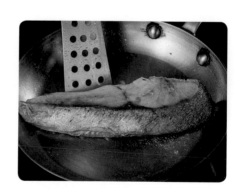

Tips 2

銀獅鯧魚片還可放少許的味噌做成日式家庭料理，經過細火慢煮入味之後，魚肉充滿味噌醬汁的層次風味口感，吃起來非常有日本家庭媽媽的幸福味道。

味噌煮銀鱈

味噌醇厚的味道很適合搭配魚類，
因此這類料理常常出現在日式家庭的餐桌上。
銀鱈鱈魚以昆布高湯及味噌燉煮入味，讓魚肉的豐富口感更顯美味。

食材／2 人份

- 鹽漬銀鰤鯧魚片 1 片
- 青蔥 3 根
- 昆布 5 公分 1 片
- 白味噌 1 大匙
- 細砂糖 1 大匙
- 清酒 50cc
- 水 150cc

醃料

- 米酒 1 大匙
- 胡椒粉 ¼ 小匙

作法

1. 將鹽漬銀鰤鯧魚片用米酒、胡椒粉醃漬 5 分鐘，擦拭水份再切塊，青蔥切段。
2. 鍋內放入昆布、清酒、水 150cc。
3. 靜置 15 分鐘。
4. 昆布變軟後，開小火，煮至沸騰。
5. 以昆布鋪底，放入魚片。
6. 加入細砂糖。
7. 舀起少許的湯汁，將味噌拌勻之後，加入味噌。
8. 蓋上鍋蓋，小火煮 10 分鐘。
9. 放入蔥段，蔥煮軟後就可熄火。

Tips

銀鰤鯧魚片已有醃漬，使用白味噌及昆布、清酒燉煮，味道剛好，不需再調味。

香煎銀鰤

銀鰤本身肉質鮮甜綿密，簡單的香煎方式就非常美味，
搭配檸檬汁清爽又下飯喔！

食材／2 人份

· 鹽漬銀鰤鯧魚片 1 片
· 米酒 1 大匙
· 白胡椒粉少許
· 胡椒鹽少許
· 檸檬半顆

作法

1. 銀鰤鯧魚片退冰解凍後，洗淨，用米酒、白胡椒粉醃漬 5 分鐘。
2. 用廚房餐巾紙擦拭多餘水份。
3. 熱鍋後，倒入少許的食用油潤鍋，放入魚片。
4. 以中小火將魚片兩面煎至金黃。
5. 起鍋後盛盤，擠上檸檬汁，沾上少許胡椒鹽就非常好吃。

Tips

銀鰤鯧魚片先用米酒、鹽醃漬 5 分鐘，擦拭水份下鍋煎，口感更加緊實好吃。

02

蝦、蟹類
Shrimp & Crab

熟帝王蟹腳

帝王蟹腳不只外觀大小驚人,更因為肉質鮮美吸引不少愛吃海鮮的老饕喜愛! Costco 熟帝王蟹腳肉質肥美,解凍後可直接下鍋煎、烤、煮、焗烤料理都非常好吃!

冷凍區／熟帝王蟹腳(1999/1kg)

挑選法

在挑選熟帝王蟹腳時,外型要完整、沒有腥味、未經解凍過肉質才會鮮甜飽滿。

保存法 適量包裝

買回家後可馬上放入冷凍庫保存,或是適當裁剪適量分裝保存。食用前移至冷藏區進行解凍;復熱時要避免加熱過久讓肉質太緊縮、肉汁流失。

2～3週
冷凍保存

放冷藏區
低溫解凍

這樣處理更好吃!

Tips 1 將帝王蟹腳用剪刀剪去一半的外殼,方便料理及食用。

Tips 2 焗烤帝王蟹腳,灑上乳酪絲烤至金黃上色,更加美味!

Tips 3 煮粥時加入一大塊蟹肉,整鍋粥鮮味大大提升。

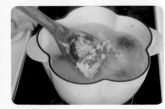

熟松葉蟹

吃過松葉蟹的美味真的會讓人驚艷不已！肉質不僅彈牙緊實，也非常細緻鮮甜，無論是蒸、煮、鍋物、燒烤都非常好吃，例如煮粥、火鍋料理都能嚐到松葉蟹甜美的口感。

冷凍區／熟松葉蟹（1099/1kg）

挑選法

冷凍的熟松葉蟹挑選時，需檢查外包裝盒是否有標示清楚品名、產地、日期、重量，松葉蟹無腥味、外觀完整、未經解凍過等。

保存法1　直接冷凍

買回來可以直接放入冷凍庫做保存。

2～3週
冷凍保存

放冷藏區
低溫解凍

保存法2　適量包裝

將熟松葉蟹依食用份量做適當真空包裝或用食物保鮮袋保存，料理前只需解凍。

2～3週
冷凍保存

放冷藏區
低溫解凍

這樣處理更好吃！

Tips　將松葉蟹解凍後取出蟹肉，可變化做出茶碗蒸、蟹肉起司烤飯、煮蟹肉粥都非常美味。

熟帝王蟹腳

極品帝王蟹粥

帝王蟹粥絕美的風味,讓所有不愛吃粥的人都會愛上它!
利用蟹殼熬煮高湯,一點都不浪費帝王蟹的每一部分,
也讓整體風味更加濃郁,不需要額外的調味就很美味!

食材／ 2 人份

- 熟帝王蟹腳一整根
- 白米 100g
- 洋蔥半顆
- 西洋芹 1 根
- 紅蘿蔔 1 根
- 青蔥 2 根
- 綠花椰菜 3 朵
- 紅蘿蔔片 3 朵
- 薑片 2 片
- 鹽少許

作法

1. 將熟帝王蟹腳去殼取出蟹肉，蟹殼留下熬煮高湯。

2. 熬煮高湯的材料：洋蔥切大塊、青蔥及西洋芹切段、紅蘿蔔切大塊。

3. 將步驟 2 的材料及薑片下鍋，注入約 1200cc 的水，開中火煮滾。

4. 煮滾後，蓋上鍋蓋，轉小火熬煮 30 分鐘。

5. 將步驟 4 的高湯濾出。

6. 放入洗好的白米，開小火熬煮成白粥。

7. 白粥煮好時，放入綠花椰菜、紅蘿蔔片、薑片、帝王蟹肉也下鍋，再次煮滾後加入少許的鹽做調味即可熄火。

Tips

剝下的蟹殼別浪費了！可加上多種蔬菜一起熬煮高湯，味道非常鮮甜喔。

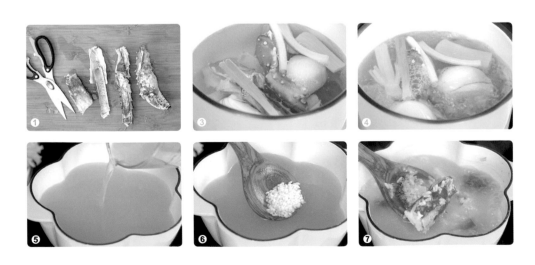

香烤帝王蟹腳佐檸檬奶油

美味的帝王蟹搭配什麼調味最棒呢？推薦一定要試試看檸檬奶油醬汁，
看似膩口的奶油因為加上檸檬變得更加討人喜歡！
充滿異國風情我想沒有人能夠抗拒。

食材／2 人份

- 熟帝王蟹腳 1 根
- 黃檸檬 1 顆
- 無鹽奶油 50g
- 白酒 30cc
- 鹽 ¼ 小匙
- 黑胡椒粉少許
- 巴西里少許

作法

1. 用食物專用剪刀在帝王蟹腳平整處剪開，就能輕鬆取出帝王蟹肉。
2. 將黃檸檬洗乾淨，刨下檸檬皮，不要刨到白色薄膜部份，會有苦味。
3. 榨出檸檬汁、將巴西里梗的部分保留，葉子切碎。
4. 熱油鍋後，放入帝王蟹腳以中小火香煎。
5. 煎至表面焦香狀，先起鍋備用。
6. 倒入白酒、巴西里梗也下鍋，用鍋鏟將鍋底的精華刮起來，煮至酒精揮發，留下葡萄酒香。
7. 放入無鹽奶油，煮至奶油融化後熄火。
8. 倒入檸檬汁拌勻，取出巴西里梗。
9. 再放入煎上色的帝王蟹腳裹上檸檬奶油醬汁，灑上少許的鹽、黑胡椒粉、巴西里及檸檬皮屑即可盛盤。

Tips

檸檬汁遇熱會變不酸，不建議直火烹煮，檸檬自然的酸味及香氣反而會流失。

法式焗烤帝王蟹腳

在家也能輕鬆端出餐廳等級的高級料理,將帝王蟹腳灑上些許調味料粉,
再灑上滿滿的乳酪絲烘烤至金黃上色,更能襯出蟹肉鮮甜的好滋味,
不論西餐輕鬆上桌或是宴客菜都是極致的享受呢!

食材／2 人份

- 熟帝王蟹 1 根
- 乳酪絲 30g
- 橄欖油 ½ 大匙

調味料
- 黑胡椒粉 ¼ 小匙
- 香蒜粉 ¼ 小匙
- 煙燻紅椒粉 ¼ 小匙

作法

1. 用食物專用剪刀在帝王蟹腳平整處剪開，就能輕鬆取出帝王蟹肉。
2. 將蟹腳放在烤盤上，並淋上橄欖油。
3. 灑上調味料。
4. 再灑上乳酪絲。
5. 烤箱先預熱至 200℃，烘烤約 8 ～ 10 分鐘。
6. 烤至乳酪成金黃色即可出爐。

Tips

熟帝王蟹已經煮熟，不需加熱太久反而會造成肉質變柴。

熟松葉蟹

松葉蟹鮮味火鍋

簡單製作的日式高湯,是火鍋湯頭重要的靈魂之一,

好吃又鮮甜的松葉蟹肉,搭配特調的醋香沾醬,好吃極了!

爽口又不搶味,更能嚐到蟹肉的天然好滋味!

食材／4 人份

- 松葉蟹腳適量
- 大白菜 1 顆
- 京都水菜適量
- 綠花椰菜適量
- 玉米筍 3 根
- 紅蘿蔔片 7 片
- 鴻喜菇 1 包

高湯

- 昆布 15 公分 1 片
- 柴魚片 12g

醋香沾醬

- 果醋 2 大匙
- 日式醬油 1 大匙
- 細砂糖 1 小匙
- 甜橙半顆
- 甜橙皮少許

作法

1. 調製醋香沾醬：甜橙刨下些許皮屑，並榨成汁，將所有材料都拌勻。

2. 冷鍋冷水放入昆布，小火煮滾，煮滾後馬上熄火，倒入柴魚片。

3. 靜置 3 分鐘，待柴魚片沉入鍋底。

4. 撈起柴魚片、昆布，鍋裡的湯汁即為日式高湯。

5. 開中小火，放入已切塊的大白菜、松葉蟹塊、鴻喜菇。

6. 煮熟後，再放入火鍋配菜。

7. 食用前放入松葉蟹，煮熟馬上趁熱享用，沾上醋香醬汁更是美味！

Tips

完成的日式高湯，也能分裝保存，無論是煮湯或做料理都好用。

松葉蟹芙蓉蒸蛋

不管小朋友大朋友都超愛蒸蛋，滑嫩的口感真的非常好吃！
要如何蒸出滑嫩細緻的蒸蛋呢？魔鬼就藏在細節中！
加入松葉蟹肉的蒸蛋更能嚐到蟹肉的鮮甜滋味，
宴客時端上這一道，保證大受賓客好評！
有時肚子餓當做宵夜也是很棒的選擇，請務必要試試看！

食材／2 人份

- 松葉蟹適量
- 雞蛋 3 顆
- 日式高湯 300cc
- 甜豌豆少許
- 紅蘿蔔片數片

調味料

- 鹽 ½ 小匙
- 味霖 1 小匙
- 日式醬油

作法

1. 用湯匙將松葉蟹肉取下。
2. 雞蛋打成蛋汁，加入調味料拌勻。
3. 倒入日式高湯拌勻。
4. 將蛋液用濾網過濾 3 次。
5. 蟹肉放入碗裡，倒入蛋汁約 8 ～ 9 分滿，蓋上蓋子。
6. 煮一鍋熱水，將碗放入蒸架上。
7. 蓋上鍋蓋並在一邊放上筷子，中火蒸 10 分鐘。
8. 打開鍋蓋，放入松葉蟹腳、甜豌豆、紅蘿蔔片，再蒸 2 分鐘就完成好吃的茶碗蒸。

Tips

蒸蛋時，盛裝的容器也要蓋上蓋子或保鮮膜，可防止水蒸氣滴落；蒸鍋的鍋蓋在一邊放上筷子，主要是調節水蒸氣對流，避免高溫造成茶碗蒸產生蜂巢狀。

蟹肉起司烤飯

外型亮麗充滿趣味的烤飯，有客人來時非常適合當小點心招待；
不光外型美觀，連內裡都是超級美味的蟹肉飯，一上桌必定被秒殺！

食材／3 人份

- 松葉蟹肉 80g
- 白飯 1 碗
- 彩色甜椒 3 顆
- 火腿丁 30g
- 雞蛋 1 顆
- 毛豆 2 大匙
- 乳酪絲 50g
- 醬油 ½ 小匙
- 黑胡椒粉少許

作法

1. 用湯匙將蟹肉取出。
2. 彩色甜椒靠近蒂頭部份切下，甜椒內部挖空做為容器用，甜椒取部份切成細丁。
3. 調理碗裡依序放入白飯、火腿丁、毛豆、甜椒丁、雞蛋。
4. 放入松葉蟹肉、⅓ 的乳酪絲、黑胡椒粉、倒入醬油。
5. 將所有的材料都拌勻。
6. 將拌好的蟹肉起司飯填入甜椒裡，鋪上乳酪絲。
7. 放進事先預熱的烤箱，以 180℃ 烘烤約 12 分鐘。
8. 烤至乳酪呈現金黃色即可出爐。

Tips

甜椒的容器可以用大番茄來替代，或是使用烤盅也不錯。

生凍螯龍蝦尾

宴客時想要吃得豪華又澎湃的料理菜色，端出龍蝦大餐準沒錯！Costco 採活凍方式處理的螯龍蝦尾，捕撈後急速冷凍，鎖住龍蝦的鮮度，保有最佳的生鮮品質，蝦肉 Q 彈又鮮嫩的完美口感，每一口都能嚐到龍蝦肉鮮甜的原汁風味。

冷凍區／生凍螯龍蝦尾（1999/1kg）

挑選法

購買生鮮的龍蝦，要挑選活動力強的龍蝦之外，並且按壓看看龍蝦的腹部是否結實，要選擇蝦肉飽滿的比較適宜。而購買生凍螯龍蝦尾，就要挑選急速冷凍的包裝，鮮度媲美活龍蝦，可以省去蝦頭重量會比較省錢，殼薄肉多、肉質 Q 彈。

保存法1　直接冷凍

買回來直接放冷凍庫保存，料理前在移到冷藏室解凍。

| 2～3週
冷凍保存 | 放冷藏區
低溫解凍 |

分尾保存

將生凍螯龍蝦尾一尾一尾真空包裝或用食物保鮮
袋保存，並且標註日期。

| 2～3 週
冷凍保存 | 放冷藏區
低溫解凍 |

FoodSaver 家用真空包裝機

這樣處理更好吃！

Tips 1

龍蝦尾除了蝦肉好吃，蝦殼還可熬煮高湯。龍蝦
肉烹煮的時間不能煮太久，以免肉質變老就不好
吃了！

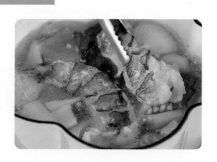

Tips 2

龍蝦肉香煎上色後，倒入少許的白葡萄酒可提昇
香氣。

Tips 3

怕龍蝦肉炒過熟口感變老嗎？在下鍋前灑上少許
的麵粉可讓龍蝦肉變得更滑嫩喔！

西西里龍蝦湯

喝一口湯就能體會到豐富的層次，

它集結所有蔬菜的美味，整體充滿奶香；

上頭點綴龍蝦肉讓人眼睛一亮，是一道非常受到歡迎的湯品。

食材／2～4人份

- 螯龍蝦尾 1 隻
- 紅蘿蔔 1 根
- 西洋芹 1 根
- 洋蔥半顆
- 蒜粒 1 瓣
- 月桂葉 1 片
- 蘆筍 2 根
- 白酒 60cc
- 鹽 1 小匙
- 水 1000cc

麵糊

- 無鹽奶油 20g
- 麵粉 50g
- 溫牛奶 100cc

作法

1. 螯龍蝦尾退冰後，將蝦肉取出，蝦殼留下熬煮高湯。

2. 將洋蔥、西洋芹、紅蘿蔔都切塊，蒜粒壓成蒜末。

3. 先製作麵糊：開小火，無鹽奶油下鍋煮至融化，麵粉下鍋乾炒至金黃，倒入溫熱的牛奶。

4. 過程中不斷用打蛋器攪拌成細緻的麵糊狀，即可熄火，備用。

5. 另起一鍋，熱油鍋後炒香蒜末，將龍蝦殼下鍋炒至上色，加入白酒、蔬菜、月桂葉，注入 1000cc 的水，開中火煮滾後，蓋上鍋蓋，轉小火熬煮 35 分鐘。

6. 高湯煮好時，放入龍蝦肉煮約 2 分鐘後馬上撈起，並將龍蝦殼及月桂葉取出不用。

7. 先熄火，使用手拿攪拌器將蔬菜高湯打成濃湯。

8. 加入步驟 3 的麵糊拌勻，加鹽做調味，將完成的濃湯放上龍蝦肉就可以享用。

Tips

蔬菜高湯可使用手拿攪拌器打成濃湯，或是待蔬菜高湯冷卻，倒入果汁機打成濃湯，麵糊有著濃郁的奶香味，可增加濃湯的豐富口感。

熱炒蔥爆龍蝦尾

龍蝦用台式手法料理，激出了不同的火花；

跟著步驟一步一步做，掌握料理小訣竅，

才能讓龍蝦肉質保留 Q 彈口感，炒得充滿香氣又好吃喔～

食材／ 4 人份

- · 螯龍蝦尾 2 隻
- · 青蔥 3 根
- · 蒜頭 5 瓣
- · 辣椒 1 根
- · 薑 20g
- · 太白粉少許
- · 食用油 2 大匙

調味料

- · 紹興酒 2 大匙
- · 黑胡椒粉 ½ 小匙
- · 蠔油 1 大匙
- · 細砂糖 ½ 小匙
- · 白胡椒粉 ½ 小匙

作法

1. 青蔥分別切成蔥白、蔥綠，薑、蒜頭及辣椒都切片。

2. 螯龍蝦尾切塊，用少許的鹽、米酒（份量外）抓醃，再灑上薄薄一層太白粉。

3. 中火熱鍋，加入 2 大匙油，將龍蝦塊下鍋炒至表面上色，先起鍋備用。

4. 再加入蔥、薑、蒜爆香。

5. 放入半熟的龍蝦塊，大火拌炒。

6. 沿鍋邊嗆入紹興酒。

7. 加入調味料，拌炒入味。

8. 蔥綠、辣椒也下鍋快炒。

9. 好吃的蔥爆龍蝦尾熄火後即可盛盤上桌。

Tips

螯龍蝦尾要炒的好吃又夠味，火候及食材下鍋的順序都是重點喔！

法式焗烤龍蝦

大氣又高貴的龍蝦加上焗烤，彷彿只會出現在高級餐廳中，
現在也可以在家自己做，重要的節日不如就為另一半做這道料理吧。

食材／2 人份

- 螯龍蝦尾 1 隻
- 乳酪絲 30g
- 蒜粒 3 瓣
- 白酒 1 大匙
- 彩色番茄數顆
- 生菜適量
- 麵粉適量
- 鹽 ¼ 小匙
- 黑胡椒粉 ¼ 小匙
- 義式香料粉 ¼ 小匙

作法

1. 螯龍蝦尾剖半，擦拭水份，抹上鹽、黑胡椒粉。
2. 灑上薄薄一層麵粉，將蒜粒切片。
3. 冷鍋冷油，放入蒜片以小火煸出香氣。
4. 轉開中火，放入螯龍蝦尾以蝦肉朝下，兩面煎上色。
5. 倒入不甜的白葡萄酒，煮至酒精揮發即可熄火。
6. 龍蝦尾放入烤盤裡，擺上番茄，再灑上乳酪絲。
7. 烤箱先預熱 220℃，送進烤箱烘烤約 8 分鐘。
8. 烤至金黃上色，出爐後灑上義式香料粉，生菜擺盤就可享用。

Tips

- 食譜中都是使用不甜的白葡萄酒，和海鮮非常的合拍。
- 龍蝦肉先經過香煎上色，口感及香氣會更加分，肉質相當 Q 彈。

養殖熟蝦仁

Costco 這款熟蝦仁可說是廚房必備的海鮮食材之一，是忙碌煮婦的好幫手！以急速冷凍保有蝦子的新鮮度，只要解凍後馬上就可以料理。由於是燙熟的蝦仁，料理時不需加熱太久，以免蝦肉口感變老。

冷凍區／科克蘭養殖熟蝦仁（529/ 袋裝）

挑選法

科克蘭養殖熟蝦仁是一大包冷凍包裝，建議採買時要全程攜帶保冷袋，維持在最佳冷凍狀態。

保存法

科克蘭養殖熟蝦仁包裝開口處有設計夾鏈袋，每次取用都非常方便，用多少拿多少，買回家直接放冷凍庫保存即可。

2～3週
冷凍保存

放冷藏區
低溫解凍

這樣處理更好吃！

Tips 1　料理滑蛋蝦仁只需將熟蝦仁加入蛋液中就可以炒出滑嫩口感；炒飯時加入一些熟蝦仁，鮮味大大提昇呢！

Tips 2　煎餅也是大小朋友最愛吃的餐點之一，加入幾尾蝦仁拌入一些蔬菜絲，好吃又方便。

帶尾特大生蝦仁

這款帶尾特大生蝦仁可說是 Costco 的明星熱賣商品，每次去採買絕對要買的品項之一。經過急速冷凍的蝦仁包裝，每一尾都去殼、去腸泥、保留蝦尾部份，讓煮婦料理時更方便。

冷凍區／科克蘭帶尾特大生蝦仁（519/ 袋裝）

挑選法

購買時是一整包的冷凍包裝，建議採買時要全程攜帶保冷袋，讓採買到的生蝦仁維持最佳冷凍狀態。

保存法

買回家馬上要放入冷凍庫保存，解凍後請勿再次冷凍，以免影響蝦仁的品質。料理前先將所需的蝦仁份量放至冷藏室進行解凍，瀝乾後即可開始烹煮，絕不能以沖水方式強行解凍，這樣會造成蝦仁的甜味流失反而變不新鮮。

2～3 週 冷凍保存

放冷藏區 低溫解凍

這樣處理更好吃！

Tips 1　油炸前沾上少許的粉可讓蝦仁口感更加 Q 彈爽口。

Tips 2　蝦仁裹上一層金沙料理，鹹香滋味無敵下飯。

養殖熟蝦仁

滑蛋蝦仁蓋飯

忙碌時最適合做這道滑蛋蝦仁蓋飯，短時間內就可以完成；
滑嫩的蛋、爽脆彈牙的蝦仁配上白飯，簡單美味快速上桌。

食材／2 人份

· 熟蝦仁 100g
· 白飯 2 人份
· 雞蛋 3 顆
· 青蔥 1 根

調味料

· 太白粉水 1 大匙
· 鹽 ⅓ 小匙
· 味霖 1 大匙
· 白胡椒粉 ¼ 小匙

作法

1. 熟蝦仁先解凍回溫，青蔥切成蔥花。

2. 雞蛋打成蛋汁，加入所有的調味料。

3. 加入熟蝦仁、蔥花拌勻。

4. 中小火熱鍋，倒入 1 大匙油（份量外），再加入拌勻的蝦仁蛋汁。

5. 用筷子將蛋汁稍微拌勻。

6. 待蛋液開始凝固時，馬上熄火，利用鍋子的餘溫將滑蛋蝦仁炒至滑嫩口感。

7. 盛好熱飯，倒入滑蛋蝦仁灑上蔥花即可享用。

Tips

滑蛋蝦仁要滑嫩好吃，除了蛋汁裡加入少許的太白粉水，拌炒時的溫度及時間都要掌握好，就能炒出滑嫩的口感。

韭菜蝦仁煎餅

這道可說是韓式料理中最受大眾喜愛的煎餅，
材料中放入韭菜及青蔥讓整體更有口感，搭配蝦仁更加豐富。
泡菜點綴後的煎餅鹹香的好滋味，保證一上桌就被秒殺！

食材／4 人份

- 熟蝦仁 150g
- 韭菜 5 根
- 紅蘿蔔 20g
- 青蔥 1 根
- 雞蛋 1 顆
- 韓式泡菜 60g

煎餅麵糊

- 中筋麵粉 70g
- 蓬萊米粉 30g
- 水 150cc

醃料

- 米酒 1 小匙
- 鹽 ½ 小匙
- 白胡椒粉 ¼ 小匙

作法

1. 韭菜切段、蔥切成蔥花、紅蘿蔔切絲。

2. 熟蝦仁解凍後，拌入鹽、白胡椒粉、米酒醃漬入味。

3. 調製麵糊，將雞蛋打散加入水拌勻，再將麵粉、蓬萊米粉過篩，拌成麵糊。

4. 放入蝦仁、韭菜、蔥花、紅蘿蔔絲等材料拌勻。

5. 再加入韓式泡菜。

6. 將麵糊裡的材料都拌勻。

7. 鍋裡倒入 1 大匙油（份量外），中小火加熱後，倒入調好的麵糊並攤平。

8. 煎至兩面金黃就可以起鍋。

Tips

- 韓式泡菜本身有鹹度，所以麵糊不需再放鹽做調味。

- 蓬萊米粉的特性是酥脆較不吸油，也可以用地瓜粉、太白粉替代。

帶尾特大生蝦仁

日式炸蝦天婦羅

外面吃到的炸蝦天婦羅總是有厚厚的外衣，內裡卻不一定如外表那麼澎湃。

自己在家炸天婦羅最實在，只要跟著步驟做，

利用配方能炸出跟日式料理店一樣酥脆但不厚重的外皮！

食材／4 人份

- 帶尾特大生蝦仁 10 尾
- 芋頭片 3 片
- 南瓜片 3 片
- 四季豆 6 根

麵衣

- 低筋麵粉 80g
- 雞蛋 1 顆
- 冰水 100cc

沾醬

- 白蘿蔔 1 塊
- 日式高湯 100cc
- 醬油 30cc
- 味霖 50cc

作法

1. 蝦仁退冰後，洗淨擦乾，蝦尾用刀子刮乾淨。
2. 調製麵衣：雞蛋打散加入冰水拌勻，再將低筋麵粉過篩，拌至快不見粉類即可停止。
3. 將白蘿蔔磨成泥，備用；醬汁鍋裡先倒入味霖煮滾，再加入日式高湯再次煮滾，倒入醬油後馬上熄火，放涼即為天婦羅沾醬汁。
4. 鍋裡倒入適量的炸油，開中火，用筷子測試油溫，筷子邊緣起小泡泡即代表油溫約 160～170℃左右。
5. 將南瓜片、芋頭片裹上麵衣，分次下鍋炸至酥脆，起鍋。
6. 將鍋裡的麵衣撈起，可讓炸油保持清澈。
7. 再將蝦仁裹上麵衣，下鍋油炸。
8. 將四季豆也下鍋油炸。
9. 將炸好的炸蝦、四季豆起鍋。

Tips

天婦羅炸蝦的麵衣要酥脆，除了使用低筋麵粉，冰水也是重點，麵糊利用溫差大，下鍋時麵衣就能產生酥脆的口感。

鳳梨蝦球

蝦子遇熱後蜷曲的樣子宛如一顆球，因此這道菜就叫做鳳梨蝦球。

看似困難的料理，其實並沒有這麼難啦！

只要掌握好食譜內的訣竅就可輕鬆完成！

食材／4 人份

- 帶尾特大生蝦仁 15 尾
- 鳳梨半顆
- 水果甜椒適量
- 日本太白粉適量
- 美乃滋沙拉醬 70g
- 檸檬汁 2 大匙

醃料

- 日本太白粉 1 大匙
- 蛋黃 1 顆
- 美乃滋沙拉醬 1 大匙
- 鹽 ⅓ 小匙

作法

1. 生蝦仁退冰解凍，鳳梨取出果肉切成小片，水果甜椒切小塊。
2. 蝦仁用醃料拌勻，醃漬 15 分鐘入味。
3. 將醃好的蝦仁裹上太白粉，靜置 3 分鐘使其反潮。
4. 中小火熱油鍋，當筷子邊緣產生許多小泡泡，代表油溫已達 160 ～ 170℃左右。
5. 將裹上粉的蝦子下鍋。
6. 炸至金黃酥脆即可起鍋。
7. 水果甜椒也下鍋炸一下，馬上起鍋。
8. 將平底鍋熱鍋後，馬上熄火，倒入美乃滋沙拉醬，利用餘溫使其融化，再加入檸檬汁拌勻成乳化狀。
9. 炸好的蝦仁、甜椒、鳳梨片一起下鍋拌勻。

Tips

利用鍋子的餘溫將美乃滋沙拉醬融化更能裹上蝦球，而檸檬汁的微酸讓蝦球更加爽口。

金沙蝦仁

金沙料理人人愛，鹹香鹹香的風味遇上蝦仁的口感，
我想沒有人可以抗拒，一上桌必定被秒殺！
記得煮這道料理時，白飯一定要多煮一點！

食材／4 人份

- 帶尾特大生蝦仁 15 尾
- 鹹蛋黃 3 顆
- 蒜頭 2 瓣
- 青蔥 1 根
- 辣椒 2 根
- 白胡椒粉 ⅓ 小匙
- 太白粉 2 大匙
- 米酒 1 大匙

醃漬

- 鹽 ⅓ 小匙
- 米酒 1 大匙

作法

1. 生蝦仁擦乾水份、鹹蛋黃壓碎、青蔥切成蔥花、蒜頭及辣椒都切碎。

2. 生蝦仁用醃料醃漬15分鐘，裹上薄薄一層太白粉。

3. 中小火熱油鍋後，蝦仁下鍋，拌炒至表面上色，先起鍋備用。

4. 沿用原鍋，加入蒜末爆香。

5. 鹹蛋黃下鍋炒至起油泡。

6. 將蝦仁下鍋拌炒，均勻裹上金沙。

7. 嗆入 1 大匙的米酒。

8. 起鍋前，加入白胡椒粉、辣椒、蔥花就可熄火。

Tips

鹹蛋黃要炒至起油泡，才會有金沙的口感，也不會有蛋腥味。

蝦仁海鮮豆腐煲

這道菜常出現在辦桌料理，也是港式餐廳的熱門招牌菜之一。

暖呼呼的煲裡面有豐富的海鮮料及蔬菜，

豆腐軟嫩的口感配上鮮味十足的濃郁醬汁，肯定會多吃一碗白飯呢！

食材／4 人份

- 帶尾特大
  生蝦仁 10 尾
- 小管 120g
- 蟹肉管 100g
- 鴻喜菇 1 包
- 毛豆 1 大匙
- 玉米筍 6 根
- 雞蛋豆腐 1 盒
- 紅蘿蔔泥 1 大匙
- 青蔥 1 根
- 薑片 2 片
- 太白粉水 2 大匙
- 高湯或水 150cc

調味料
- 蠔油 1 大匙
- 醬油 1 大匙
- 味霖 1 大匙
- 米酒 1 大匙
- 烏醋 1 小匙
- 白胡椒粉少許

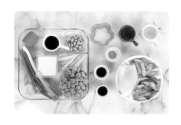

作法

1. 青蔥切成蔥白、蔥花，玉米筍切小塊、鴻喜菇去除蒂頭剁成小塊，紅蘿蔔磨成泥。

2. 小管去除內臟及外膜，切成小塊狀，雞蛋豆腐切小塊。

3. 中小火熱鍋，倒入油 1 大匙（份量外），將蝦仁、小管、蟹肉管下鍋炒至半熟，起鍋備用。

4. 沿用原鍋，倒入蔥白、薑片下鍋炒出香氣，再加入鴻喜菇、玉米筍炒至焦香。

5. 倒入高湯、加入所有的調味料拌勻並煮滾。

6. 倒入蘿蔔泥，稍微拌勻。

7. 再加入炒至半熟的海鮮以及毛豆，拌炒均勻。

8. 雞蛋豆腐下鍋，倒入太白粉水做勾芡。

9. 灑上蔥花就可盛盤上桌。

Tips

- 海鮮先炒至半熟，留下鍋底的美味精華煮成醬汁，這個步驟保留了海鮮的鮮嫩口感又增添醬汁的鮮甜滋味。
- 利用紅蘿蔔泥製作出近乎蟹黃的美味效果。

帶頭帶殼生蝦

蝦子是最受大眾喜愛的海鮮料理，在燒烤、海產快炒、火鍋、各大餐廳小吃店，幾乎家家都有熱門招牌菜色，說到蝦，就是要有帶殼的蝦怎麼煮都超好吃的，蝦殼的香氣加上 Q 彈的蝦肉，吃了就會讓人停不下來的美味料理。

冷凍區／帶頭帶殼生蝦（379/ 盒裝）

挑選法

在 Costco 買到的是一整盒急速冷凍的生蝦，包裝盒都有標示產地、內容物、重量、保存期限，買回家直接放入冷凍庫保存。

保存法

2 ～ 3 週
冷凍保存

放冷藏區
低溫解凍

帶頭帶殼生蝦包裝開封解凍後要馬上料理食用完，不可解凍後又再冷凍，這樣生蝦的品質會因而大打折扣。解凍方式建議在料理前先移至冷藏區慢慢解凍，避免直接浸泡在清水裡，生蝦的甜味及鮮度都會流失。

這樣處理更好吃！

Tips 1 將生蝦的尖銳處及蝦鬚剪乾淨並開背，依照料理需求可剝去蝦殼並去除腸泥。

Tips 2 蝦殼經過慢炒之後還可以煉出蝦油，讓料理變得更美味。

Tips 3 啤酒加入料理中可讓蝦肉變得更加 Q 彈。

冷凍綜合海鮮

Costco 這款綜合海鮮內容相當豐富，包含了章魚、白蝦、蛤蠣、淡菜等海鮮，是廚房必備的海鮮品項之一，炒海鮮麵、煮海鮮鍋、烤披薩等各式料理加入綜合海鮮，馬上化身為餐廳級的豪華大餐！

冷凍區／冷凍綜合海鮮（555/ 袋裝）

挑選法

冷凍綜合海鮮是經急速冷凍保有食材新鮮度的冷凍包裝，無化學添加物，無防腐劑，注意包裝完整、無解凍、內容物、保存期限等。

2～3週
冷凍保存

放冷藏區
低溫解凍

保存法

冷凍綜合海鮮有夾鏈袋設計方便使用，買回家後直接放冷凍庫保存即可。料理前取出所需的份量，放至冷藏區進行解凍，瀝乾水份就可以開始烹煮。

這樣處理更好吃！

Tips 1 任何料理只要放入綜合海鮮，馬上讓菜色大大升級呢！

Tips 2 煮韓式泡菜鍋時也少不了綜合海鮮的鮮甜滋味，可讓整體口感更加分！

Tips 3 在綜合海鮮淋上特調的泰式酸辣醬汁，爽口的滋味讓人吃了超開胃！泰式酸辣醬汁製作方法請見 P204 泰式涼拌海鮮。

帶頭帶殼生蝦

西班牙蒜味蝦

這道蒜味蝦可說是西班牙小酒館最熱門的招牌菜,也是我最愛的蝦料理!
特別用了蝦殼提煉出迷人的蝦油,結合橄欖油裡的蒜香味及辛香料的調味,
吃了一口蒜味蝦真的讓人很驚艷,連法國麵包沾上醬汁都十分美味!

食材／4 人份

- 帶頭帶殼生蝦 12 尾
- 蒜粒 8 瓣
- 橄欖油 80cc
- 檸檬片半顆份
- 法棍半根
- 乾辣椒 10g
- 巴西里少許

醃料

- 米酒 1 大匙
- 鹽 ⅓ 小匙

調味料

- 鹽 ⅓ 小匙
- 煙燻紅椒粉 ⅓ 小匙
- 黑胡椒粉 ⅓ 小匙

作法

1. 蒜粒切成蒜片、乾辣椒切小段、巴西里切碎、檸檬切角。

2. 將蝦頭剝下，蝦殼去除保留蝦尾部份，將蝦肉開背去腸泥。

3. 完成蝦頭、蝦肉兩部份。

4. 蝦肉用醃料拌勻，醃漬 5 分鐘，再洗淨擦乾。

5. 法棍麵包切片，食用前用烤箱烘烤 5 分鐘。

6. 鍋裡倒入橄欖油、蒜片、蝦頭、乾辣椒。

7. 開小火慢慢煸至蝦頭釋出蝦油、蒜片變金黃，香氣釋出時，取出蝦頭不用。

8. 放入蝦肉，轉中火，煎至兩面上色，再倒入調味料拌勻。

9. 熄火後，灑上巴西里、以及檸檬角就完成了。

Tips

這道蒜味蝦需要足夠的橄欖油，以油封方式將蝦肉的美味和蒜香味完美結合，利用蝦頭煉出美味的蝦油也是重點之一；而使用的西班牙煙燻紅椒粉更是其中的秘密武器，這道蒜味蝦絕對是最佳下酒菜。

香辣鹽酥蝦

以經典的台式料理手法炒出蒜及辣椒的香氣，
蝦子經過調味後展現了不一樣的風味，天然辛香料裹住蝦肉的鮮甜滋味，
嚐起來香辣又過癮！配上一杯冰啤酒更是享受。

食材／4 人份

- 帶頭帶殼生蝦 15 尾
- 蒜粒 5 瓣
- 青蔥 2 根
- 辣椒 2 根
- 米酒 1 大匙

醃料

- 鹽 ½ 小匙
- 米酒 1 大匙

調味料

- 黑胡椒粉 ½ 小匙
- 白胡椒粉 ½ 小匙
- 鹽 ½ 小匙

作法

1. 辣椒切碎，青蔥切成蔥白、蔥綠，蒜粒切碎。
2. 蝦剪去蝦鬚、蝦腳，開背去除腸泥。
3. 將蝦用鹽、米酒醃漬 5 分鐘，再洗淨擦乾。
4. 中小火熱鍋，倒入 1 大匙油（份量外），將蝦下鍋煎至半熟，先起鍋備用。
5. 沿用原鍋，將蔥白、蒜末、辣椒碎下鍋爆香。
6. 加入半熟的蝦，轉中大火快炒。
7. 從鍋邊嗆入米酒，倒入調味料拌炒均勻。
8. 熄火前，灑上蔥綠就可以盛盤上桌。

Tips

爆香時，蒜末不要炒太焦，容易產生苦味。

鮮蝦沙茶粉絲煲

這道菜常出現於中式料理，彈牙的蝦肉配上沙茶濃厚的醬汁，
寬粉吸收了醬料與蝦子的精華，是非常受歡迎的鮮蝦料理。
跟著步驟掌握細節，一起完成這道經典的料理。

食材／4 人份

- 帶頭帶殼生蝦 12 尾
- 寬粉 2 把
- 青蔥 2 根
- 芹菜 1 根
- 蒜粒 3 瓣
- 辣椒 1 根
- 啤酒 400cc

沙茶醬料

- 沙茶醬 2 大匙
- 柴魚醬油 1 大匙
- 醬油膏 ½ 大匙
- 黑胡椒粉 ⅓ 小匙

作法

1. 辣椒切片及切碎、蔥白切段、蔥綠切成蔥花、芹菜切珠、蒜切片。
2. 蝦剪去鬚腳及開背去腸泥，寬粉用水泡軟後，稍微剪小段。
3. 調製沙茶醬料，拌勻備用。
4. 中小火熱油鍋，將蔥白、蒜片、辣椒片下鍋拌炒出香氣，蝦子下鍋炒至半熟，先起鍋備用。
5. 沙茶醬汁下鍋。
6. 放入寬粉，再倒入啤酒煮約 2 分鐘。
7. 蝦子下鍋再煮約 2 分鐘。
8. 熄火前，灑上蔥花、芹菜珠、辣椒碎就完成囉。

Tips

啤酒可以讓蝦肉變得更加 Q 彈，建議使用清爽口味的啤酒經過烹煮後無苦味。如果小朋友要食用，可將啤酒用高湯替代。

花雕酒香醉蝦

醉蝦可說是逢年過節或喜慶宴客時，最常出現在餐桌上的菜色之一。
相較於紹興酒醇厚的酒香，而花雕酒淡雅又迷人的層次風味更勝一籌，
這道醉蝦可說是讓人吃了會回味無窮呢！

食材／4 人份

- ·帶頭帶殼生蝦 15 尾
- ·青蔥 1 根
- ·薑片 3 片
- ·米酒 2 大匙

醬汁
- ·花雕酒 200cc
- ·當歸 1 片
- ·枸杞 1 大匙
- ·鹽 ½ 小匙

作法

1. 調製花雕酒醬汁，備用。

2. 將蝦剪去蝦鬚及蝦腳、開背去腸泥。

3. 盤中以蔥段、薑片鋪底，放上蝦，淋上 2 大匙米酒。

4. 放入蒸鍋上，以中大火蒸 6 ~ 8 分鐘，蒸的時間視蝦的大小及數量而定。

5. 蒸熟的蝦先放涼。

6. 將蝦放進花雕酒醬汁裡，冰箱冷藏一晚，使其入味。

7. Q 彈的蝦肉有著淡雅的花雕酒香，也是最佳宴客菜。

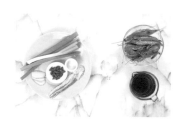

Tips

花雕酒香醉蝦放冰箱可冷藏保存 4 ~ 5 天，剩下的花雕酒醬汁還能煮麻油蛋，連拌麵線也非常好吃！

西班牙海鮮飯

親朋好友們臨時來訪或節慶宴客時，不知煮什麼嗎？推薦您最適合煮這一鍋了！
西班牙海鮮飯自己煮才能大手筆的放入番紅花，以及喜歡的海鮮料，
澎湃的一鍋可以直接上桌，大家一起分食感覺更加美味！

食材／6 人份

- 義大利米 3 米杯
- 帶頭帶殼生蝦 8 尾
- 小管 1 尾
- 蛤蠣 20 顆
- 牛番茄 2 顆
- 洋蔥 1 顆
- 檸檬 1 顆
- 西洋芹 1 根
- 彩椒 1 顆
- 甜豌豆適量
- 巴西里少許
- 蒜末 1 大匙
- 番紅花 0.3g
- 白酒 50cc
- 鹽 ½ 小匙
- 紅椒粉 1 大匙
- 橄欖油 2 大匙
- 魚高湯 500cc

作法

1. 將洋蔥切成細丁、西洋芹去除粗梗切細丁、巴西里切碎、彩椒切條狀、檸檬切角。

2. 牛番茄底部劃十字，放入熱水汆燙一會，去皮去籽後切細丁、小管去除內臟切圈狀。

3. 番紅花用 2 大匙熱水拌開，備用。

4. 倒入橄欖油、蒜末，開小火慢慢煸出香氣，再放入蝦子、小管下鍋。

5. 轉中火炒至 7 分熟，起鍋備用。

6. 沿用原鍋，洋蔥碎炒至透明狀，放入西洋芹、義大粒米拌炒均勻。

7. 倒入白酒煮至酒精揮發，依序再放入番茄丁及鹽、紅椒粉拌炒均勻，加入番紅花湯汁、魚高湯拌勻。

8. 煮滾後，蓋上錫箔紙，轉小火燜煮 15 分鐘後，打開再放入蛤蠣煮 7 分鐘。

9. 再放入海鮮、甜豌豆、彩椒繼續煮 5 分鐘，最後灑上巴西里、檸檬角就完成囉。

Tips

- 爐火烹煮之外，也可以送進烤箱設定烤溫 180℃ 來進行烘烤，海鮮不適合久煮，海鮮飯在快完成時才放入海鮮煮熟。
- 番紅花不適合孕婦食用，可用西班牙海鮮飯香料粉替代。

冷凍綜合海鮮

台式海鮮炒麵

平常吃習慣了三菜一湯，偶爾可以換換口味，

在家動手炒出充滿家常味的炒麵。

加入各種喜歡吃的蔬菜、海鮮，以及配料，可以兼顧健康與美味呢～

食材／2 人份

- 綜合海鮮 150g
- 油麵 2 人份
- 青蔥 2 根
- 芹菜適量
- 紅蘿蔔 20g
- 豆芽菜 30g
- 高麗菜 80g
- 水 50cc

調味料

- 醬油 1 大匙
- 烏醋 ½ 大匙
- 香油 1 小匙
- 鹽 ⅓ 小匙
- 胡椒粉少許

作法

1. 將青蔥切成蔥白及蔥花、芹菜切珠、綜合海鮮退冰解凍備用。
2. 紅蘿蔔切絲，高麗菜切小片。
3. 開中小火熱油鍋，蔥白下鍋煸至香氣釋出，將綜合海鮮下鍋。
4. 炒至半熟時，海鮮先起鍋備用。
5. 放入高麗菜、豆芽菜、油麵、紅蘿蔔絲拌炒均勻。
6. 加入 50cc 的水。
7. 再加入所有的調味料拌炒均勻。
8. 起鍋前，灑上芹菜珠、蔥花就可熄火盛盤。

Tips

海鮮不需炒太久，口感容易變老，先將海鮮炒半熟最後再次下鍋，這個步驟可讓炒麵吸附海鮮的美味，又嚐得到海鮮 Q 彈的口感。

韓式泡菜海鮮豆腐鍋

熱呼呼的鍋物真是大家的好朋友，
炒香過後的洋蔥釋放出甜味，加上大家都很愛的韓式泡菜，
濃郁的湯頭配上豐富的海鮮料讓人很難抗拒！

食材／4 人份

- 綜合海鮮 200g
- 蛤蠣 10 顆
- 豆腐 1 盒
- 泡菜 100g
- 大白菜 200g
- 豆芽菜少許
- 水 500cc
- 洋蔥半顆
- 青蔥 2 根
- 薑片 2 片
- 蛋 1 顆

調味料

- 韓式辣椒醬 2 大匙
- 韓式辣椒粉 1 大匙
- 醬油 1 大匙
- 味霖 1 大匙

作法

1. 青蔥分別切成蔥白、蔥綠，大白菜切塊、洋蔥切絲、豆腐切成 1 公分厚片。

2. 中小火熱油鍋，將洋蔥、蔥白、薑片下鍋拌炒。

3. 炒至洋蔥變透明時，倒入所有的調味料。

4. 將所有材料拌炒均勻。

5. 注入 500cc 的水，煮滾。

6. 放入大白菜及泡菜再次煮滾。

7. 大白菜煮軟後，依序放入綜合海鮮、豆腐、蛤蠣、豆芽菜。

8. 打入一顆雞蛋，煮至蛤蠣開殼後，灑上蔥花即可熄火。

Tips

韓式辣椒醬等調味料要炒過才會有香氣，以洋蔥、大白菜為基底的湯底，湯頭好吃又不會太鹹。

泰式涼拌海鮮

炎炎夏日沒食慾的時候,酸辣的泰式口味總能讓人胃口大開!
清爽的蔬食和綜合海鮮遇上特調泰式醬汁,
不論當輕食或開胃前菜都很棒喔。

食材／4 人份

- 綜合海鮮 200g
- 洋蔥半顆
- 水果甜椒適量
- 小番茄適量
- 小黃瓜 1 根
- 香菜少許

泰式酸辣醬

- 蒜末 1 大匙
- 紅蔥頭末 1 大匙
- 辣椒末 1 大匙
- 香菜梗 1 大匙
- 檸檬汁 3 大匙
- 椰糖 2 大匙
- 魚露 1 大匙
- 水 2 大匙

作法

1. 洋蔥切絲、水果甜椒切片、小黃瓜切滾刀狀、小番茄切半、香菜切細碎狀。
2. 將泰式酸辣醬所有材料拌勻。
3. 酸甜度可依照個人喜好做調整。
4. 將綜合海鮮退冰解凍後,用熱水汆燙熟。
5. 汆燙好的海鮮撈起,馬上放入冰水中冰鎮 10 分鐘,瀝乾。
6. 將切好的蔬菜以及綜合海鮮放入沙拉碗,淋入調好的泰式酸辣醬。
7. 拌勻後放冰箱冷藏 30 分鐘,入味後更好吃。

Tips

- 完成的泰式涼拌海鮮可以冷藏保存 2 天。
- 海鮮汆燙好放入冰水中急速降溫,可讓海鮮的口感更加 Q 彈鮮甜。

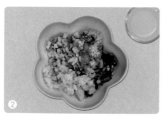

03

貝類

Shellfish

干貝

挑選法 Costco 能買到可生食等級的干貝。以急速冷凍，可以保持最佳鮮度與甜味。

保存法 買回家可用食物密封袋分裝好所需的份量，放進冷凍庫保存，約可冷凍保存 2～3 週。料理前一天放冷藏區進行低溫解凍。

這樣處理更好吃！

Tips 1 干貝解凍後要用廚房紙巾將水份吸乾，絕對不要直接泡水，避免甜味流失。

Tips 2 建議用最少的調味料，可以吃到干貝的天然鮮味。

Tips 3 干貝下鍋前，一定要確實熱鍋，全程使用中大火香煎，才不會造成干貝出水口感變差。

蛤蠣

挑選法 在 Costco 可買到真空包裝已經吐過沙乾淨的蛤蠣，買回家可依照包裝上建議，料理前可再次用淡鹽水進行吐沙 1 小時。

保存法 若是沒有馬上食用，也要浸水冷藏保存或用食物密封袋真空保存（將袋子裡空氣壓出綁緊），以免腐壞變質，保持新鮮度。

Tips 1　新鮮的蛤蠣經過吐沙後再下鍋烹煮，才能享用到最鮮美的口感，烹調時也不能煮太久，以免肉質變老。

Tips 3　加入絲瓜烹煮也是最好的調味。

Tips 2　煮雞湯時加入幾顆蛤蠣可以增添湯頭的層次風味。

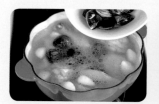

牡蠣

冷藏區／牡蠣（265/ 盒裝）

挑選法　購買時選擇沒有泡水的牡蠣，觀察是否形狀完整、飽滿有彈性、肉質顏色帶有光澤且略顯灰色。

保存法　在 Costco 美式賣場買到的都是一整盒包裝，買回來直接放冰箱冷藏存放，或是用食物密封袋適量分裝，袋口一定要封緊，最多可冷藏保存 4 ～ 5 天（建議趁新鮮越快吃完越好）。

這樣處理更好吃！

Tips 1　將牡蠣放置瀝水網杓中，用小流量的水輕輕沖洗，直到水流過牡蠣後依舊清澈為止；洗淨後可用少許的鹽抓醃一下，再次洗淨。

干貝

嫩煎干貝佐奶油醬

干貝一直是我非常喜歡的食材,一入口彷彿能感受到整個海洋般。

干貝的烹煮和調味方式非常重要,該如何保有它的鮮美及不同風味呢?

充滿奶油香卻不膩口的秘訣,在於用檸檬來搭配中和味道,一定要學會!

食材／2 人份

- 北海道生干貝 6 顆
- 無鹽奶油 50g
- 百里香 2 小枝
- 檸檬 1 顆
- 白酒 30cc
- 海鹽少許
- 黑胡椒粉少許

作法

1. 生干貝退冰解凍後，用廚房專用紙巾按壓吸收水份。
2. 灑上少許的海鹽、黑胡椒粉。
3. 檸檬刨出些許皮屑，半顆榨成檸檬汁。
4. 中火熱鍋，倒入橄欖油潤鍋，干貝下鍋。
5. 煎至兩面金黃，先起鍋備用。
6. 倒入白酒、百里香，小火煮滾，用鍋鏟將鍋底的精華刮起，煮至酒精揮發留下酒香。
7. 熄火，取出百里香，再加入無鹽奶油，利用鍋子餘溫融化奶油。
8. 再倒入檸檬汁，以及檸檬皮屑拌勻，干貝盛盤後，淋上檸檬奶油醬即可享用。

Tips

- 生干貝下鍋煎不縮水的小秘訣：要將生干貝的水份擦乾，鍋子要確實熱鍋才可下鍋，這樣生干貝才不會縮水。
- 檸檬和奶油都不能過度加熱，要利用鍋子餘溫才能保有其香氣不流失。

香烤干貝野菜溫沙拉

充滿豐富色彩的沙拉一直受到大家歡迎，而這道暖沙拉更是適合瘦身族。

有時想簡單吃卻不想只有單調的蔬菜，

干貝和色彩繽紛的蔬菜讓人營養及視覺都兼顧了呢～

食材／2 人份

- 北海道生干貝 5 顆
- 櫛瓜 1 根
- 綜合生菜適量
- 彩色小番茄適量
- 檸檬 1 顆
- 豌豆嬰少許

油醋醬汁

- 橄欖油 2 大匙
- 巴薩米克醋 ½ 大匙
- 鹽 ¼ 小匙
- 黑胡椒粉 ¼ 小匙
- 檸檬汁 1 大匙
- 檸檬皮屑少許

作法

1. 櫛瓜切成 1 公分的厚片，彩色小番茄切半，檸檬刨出皮屑、榨出檸檬汁。

2. 調製油醋醬汁：將所有材料拌勻即可。

3. 生干貝退冰解凍後，用廚房紙巾按壓吸收水份。

4. 中火熱鍋後，燒烤鍋抹上一層食用油，干貝、櫛瓜下鍋。

5. 煎至干貝、櫛瓜兩面金黃上色，起鍋。

6. 以生菜、豌豆嬰、彩色小番茄做擺盤。

7. 煎好的干貝、櫛瓜，淋上油醋醬汁。好吃的香烤干貝野菜溫沙拉就完成囉。

Tips

- 生干貝一定要擦乾水份，才可以下鍋，熱鍋確實干貝才不會縮水。
- 油醋醬汁也是生菜沙拉最佳拍檔，爽口又無負擔。

蒜香干貝蓋飯

蓋飯一直是家庭主婦的心頭好，簡單的烹煮方式就可以讓全家飽足一餐。
金黃焦香的干貝讓人看了口水直流，簡單的米飯充滿著有層次的香氣，
襯出食材原始的鮮美風味。

食材／1 人份

- 北海道生干貝 5 顆
- 白飯 1 碗
- 七味粉少許
- 蔥花少許
- 蒜末 2 瓣
- 無鹽奶油 1 大匙
- 清酒 2 大匙

醃料

- 海鹽少許
- 黑胡椒粉少許

拌飯醬汁

- 醬油 1 大匙
- 無鹽奶油 1 大匙

調味料

- 日式醬油 1 大匙
- 味霖 1 大匙
- 水 20cc

作法

1. 北海道生干貝退冰解凍後，按壓多餘水份；再灑上海鹽、黑胡椒粉，下鍋前再擦拭水份。

2. 開中火熱油鍋後，生干貝下鍋煎至兩面焦香，起鍋備用。

3. 沿用原鍋開小火，放入無鹽奶油、蒜末，煸出香氣。

4. 倒入清酒，煮至酒精揮發。

5. 倒入調味料，煮至醬汁濃稠。

6. 放入干貝，拌炒一下，馬上熄火。

7. 熱飯放入無鹽奶油，淋上醬油，趁熱拌勻。

8. 干貝放在熱飯上，淋上醬汁，灑少許七味粉、蔥花就可以享用。

Tips

干貝放入醬汁裡，裹上醬汁馬上就要熄火，避免久煮造成干貝口感變韌。

蛤蠣

白酒蛤蠣義大利麵

西式餐廳必備料理就是白酒蛤蠣義大利麵，

想要炒出香氣逼人的義大利麵，炒香材料是個非常重要的步驟。

白酒的選用也是控制整體風味的主因，按照步驟就可完成這道經典佳餚。

食材／ 2 人份

- 蛤蠣 15 顆
- 義大利麵 140g
- 白酒 50cc
- 蒜粒 2 瓣
- 辣椒 1 根
- 九層塔葉少許
- 橄欖油 1 大匙
- 黑胡椒粉 ¼ 小匙
- 海鹽少許

煮麵水
- 水 1500cc
- 鹽 1 大匙

作法

1. 蛤蠣先用鹽水浸泡吐沙，蒜粒切片、辣椒切片、九層塔切碎。

2. 煮滾一鍋熱水放入鹽 1 大匙，將義大利麵下鍋煮至 8 分熟，可參考包裝袋上建議的烹煮時間。

3. 煮麵同時另起一鍋，冷鍋冷油，將蒜片、辣椒下鍋，小火慢慢煸出香氣。

4. 蒜片變金黃時，蛤蠣下鍋，倒入白酒。

5. 轉中火煮至蛤蠣快開口。

6. 加入煮好的義大利麵拌炒。

7. 加入少許的海鹽、黑胡椒粉調味，試一下味道，可用煮麵水做調整。

8. 熄火前，加入九層塔葉就完成。

Tips

- 通常義大利麵都是使用蘿勒，在台灣可用方便取得的九層塔葉來替代。
- 煮麵水的公式：義大利麵 100g、水 1000cc、鹽 10g，煮麵水的鹹度接近喝湯的鹹度就對了。

蛤蠣蒜頭雞湯

大蒜含有豐富含硫胺基酸和大蒜辣素，對於身體有許多益處。

雞湯中加入了蛤蠣，讓整體湯頭更為鮮美，

不論煮給家人或朋友聚餐時，都是一道非常棒的料理喔！

食材／4 人份

- 雞腿 600g
- 蒜粒 15 瓣
- 蛤蠣 20 顆
- 米酒 1 大匙
- 薑片 2 片
- 枸杞 1 大匙
- 水 1500cc
- 鹽少許

作法

1. 蛤蠣先用鹽水浸泡吐沙，鹽水的鹹度比喝湯的鹹度再鹹一點就可以，吐沙時間不要超過 2 小時。
2. 將雞腿肉切塊，用熱水汆燙後，冷水沖洗乾淨。
3. 雞腿肉放進鍋裡，薑片、蒜粒也下鍋。
4. 注入 1500cc 的水，開中火煮滾。
5. 煮至快沸騰時，撈除表面的浮渣。
6. 蓋上鍋蓋，轉小火煮 25 分鐘。
7. 雞腿煮至喜歡的熟度後，放入蛤蠣。
8. 蛤蠣開口後，加入少許的鹽做調味，熄火前放入枸杞、米酒提味即完成。

Tips

蛤蠣的鮮味可讓雞湯更加有層次口感，雞湯加入蛤蠣已有些許鹹度，請試喝嚐一下鹹度，依個人喜好做調整。

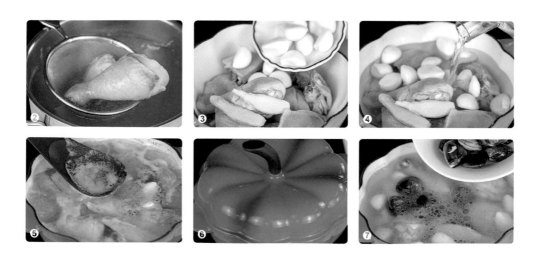

酒蒸蛤蠣

酒蒸蛤蠣是一道非常棒的宵夜以及下酒菜，
選用新鮮蛤蠣，搭配清酒淡雅的香氣，今晚宵夜就是它了～

食材／2 人份

· 蛤蜊 300g
· 薑 10g
· 蒜粒 2 瓣
· 辣椒 1 根
· 青蔥 1 根
· 清酒 120cc
· 無鹽奶油 10g
· 醬油 1 小匙

作法

1. 青蔥切成蔥白、蔥花，辣椒切碎、蒜粒及薑都切碎備用。

2. 蛤蜊先用鹽水浸泡吐沙。

3. 起油鍋，蔥白、薑末、蒜末、部分辣椒碎下鍋，小火爆香。

4. 放入已吐沙的蛤蜊。

5. 倒入清酒、少許的水做調整。

6. 蓋上鍋蓋，小火煮約 2 分鐘，煮至蛤蜊開口，熄火。

7. 加入奶油、醬油拌勻。

8. 灑上蔥花、剩下的辣椒碎就完成。

Tips

清酒的香氣比米酒來得淡雅，怕酒味的朋友們可以試試清酒的風味。

蛤蠣絲瓜

夏天是絲瓜盛產季節，不論搭配蛤蠣或是干貝等食材都十分適合。
蛤蠣的鮮味碰上絲瓜的清甜，連湯汁拌飯或拌麵線都超好吃，
只要跟著步驟肯定能輕鬆完成！

食材／4 人份

- 蛤蠣 12 顆
- 絲瓜 1 條
- 九層塔適量
- 蒜粒 2 瓣
- 薑 5g
- 米酒 1 大匙
- 鹽少許

作法

1. 事先將蛤蠣泡鹽水吐沙，絲瓜去皮後切成片狀，薑切絲、蒜頭切碎。

2. 中小火熱油鍋，放入蒜末下鍋煸香，依序將絲瓜、薑絲下鍋拌炒。

3. 放入蛤蠣、倒入 1 大匙米酒。

4. 蓋上鍋蓋，轉小火煮約 3 分鐘。

5. 蛤蠣開口後，開蓋。

6. 試試味道，可放入少許的鹽做調味，起鍋前加入九層塔葉拌勻即可。

Tips

絲瓜本身的含水量極高，加上蛤蠣鮮美的湯汁，烹煮時不需放半滴水，鹹度可依個人喜好做調整。

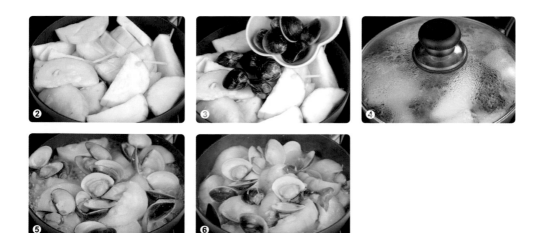

牡蠣

蚵仔煎

Amy 最愛的國民小吃蚵仔煎，你一定要學會！
肥美的蚵仔配上酥軟的餅皮，再淋上特調的醬汁超級美味！

食材／2 人份

- 牡蠣 16 顆
- 青蔥 1 根
- 小白菜適量
- 雞蛋 2 顆

醃料

- 鹽 1 小匙
- 米酒 1 大匙

粉漿

- 地瓜粉 60g
- 太白粉 10g
- 水 150cc

醬汁

- 甜辣醬 3 大匙
- 柴魚醬油 2 大匙
- 味霖 1 大匙

作法

1. 調製粉漿水。
2. 青蔥切成蔥花、小白菜切段、雞蛋打成蛋汁。
3. 牡蠣用醃料抓醃後，洗淨瀝乾，加入 1 大匙粉漿拌勻。
4. 甜辣醬、柴魚醬油、味霖倒入鍋裡，煮至濃稠狀就完成醬汁。
5. 中小火熱油鍋，放入牡蠣。
6. 加入一大勺的粉漿、灑上蔥花。
7. 放上小白菜，淋上蛋汁。
8. 煎至邊緣凝結時翻面，表面焦香即可起鍋。

Tips

- 牡蠣遇熱容易縮水，拌入 1 大匙粉漿裹住牡蠣，就能煎出鮮嫩的口感。
- 粉漿水要下鍋前，都要先拌勻，以免粉漿會沉澱。

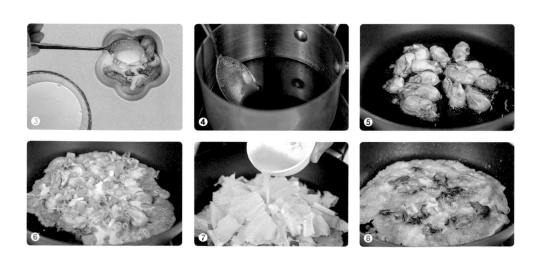

豆豉鮮蚵

豆豉鮮蚵的訣竅在於醬汁是否有炒香,蚵仔的新鮮度也是大大關鍵。
另外還可以加入豆腐或是菇類增加豐富度,
這道菜一上桌肯定能讓人多吃 2 碗飯呢!

食材／4 人份

- 牡蠣 300g
- 蔭豆豉 1.5 大匙
- 青蔥 1 根
- 蒜粒 3 瓣
- 辣椒 1 根
- 薑末 ½ 大匙
- 麻油 ½ 大匙
- 食用油 ½ 大匙
- 太白粉水 20cc

調味料

- 醬油膏 1 大匙
- 細砂糖 1 小匙
- 米酒 1 大匙
- 香油 1 小匙
- 水 30cc

作法

1. 薑、蒜、辣椒都切碎，蔥切成蔥花。

2. 牡蠣用滾水汆燙一下，馬上起鍋瀝乾。

3. 將麻油、食用油各 ½ 大匙下鍋，加入蒜末、薑末中小火爆香。

4. 倒入蔭豆豉炒出香氣。

5. 加入所有調味料煮滾。

6. 放入牡蠣下鍋，拌炒均勻。

7. 熄火前，以太白粉水作勾芡，灑上蔥花、辣椒碎就完成。

Tips

蔭豆豉也可以用乾豆豉替代，乾豆豉洗淨鹽份，用少許米酒浸泡 5 分鐘。

蚵仔麵線

台灣最經典的小吃就屬這碗蚵仔麵線，充滿了濃濃的家鄉味！

對長年旅居海外的朋友們來說，這也是最能解鄉愁的一道料理呢！

烹煮蚵仔麵線有幾個重點：要使用耐煮的紅麵線；柴魚片不能煮太久；

不想加味素就一定要有高湯；蚵仔要先裹粉才能防止沾黏；

燙熟的蚵仔先浸泡冷開水中可防止縮水；蒜末、辣油、烏醋、香菜不可少。

食材／4 人份

- 牡蠣 15 顆
- 紅麵線 100g
- 柴魚片 20g
- 高湯 800cc
- 香菜 1 株
- 地瓜粉 2 大匙
- 太白粉水適量
  （勾芡用）
- 胡椒粉 1 小匙
- 蒜泥少許
- 烏醋少許
- 辣籽油少許

調味料

- 油蔥酥 1 大匙
- 柴魚醬油 1 大匙
- 二砂糖 1 小匙

醃料

- 鹽 ⅓ 小匙
- 米酒 1 大匙

作法

1. 牡蠣用鹽、米酒抓醃，洗淨後瀝乾。
2. 紅麵線用水浸泡 10 分鐘，去除鹹味，瀝乾後並剪斷。
3. 牡蠣裹上地瓜粉、香菜切碎。
4. 煮一鍋熱水將牡蠣氽燙熟，放入冷開水中浸泡，備用。
5. 高湯煮滾後，放入 80% 的柴魚片，熄火。
6. 靜置 2 分鐘，柴魚片沉入鍋底，撈起。
7. 放入紅麵線、所有的調味料及剩餘的柴魚片，煮至麵線變軟。
8. 加入胡椒粉、太白粉水作勾芡即完成，裝碗後放入鮮蚵，加入蒜泥、辣籽油、烏醋、香菜，就是好吃的蚵仔麵線。

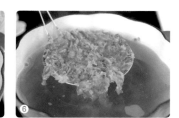

Tips

牡蠣裹上地瓜粉下鍋燙熟，再泡冷開水，可以防止牡蠣縮水。

炸鮮蚵

日式料理餐廳常見的炸牡蠣，在家也能輕鬆做！

牡蠣本身鮮甜可口，不同的烹煮方式會有著不一樣的口感。

只要知道小秘訣，裹上麵包粉的外衣可以非常酥脆，並保留牡蠣最肥美的滋味。

食材／4 人份

- 牡蠣 12 顆
- 鹽少許
- 胡椒粉少許
- 高麗菜 100g
- 檸檬半顆
- 巴西里少許
- 芥花油適量

醃料

- 鹽 ⅓ 小匙
- 米酒 1 大匙

麵衣

- 高筋麵粉適量
- 蛋汁 1 顆
- 麵包粉 100g

沾醬

- 番茄醬 1.5 大匙
- 美乃滋 3 大匙

作法

1. 牡蠣用鹽、米酒抓醃後，洗淨瀝乾，再灑上少許的鹽、胡椒粉備用。

2. 高麗菜切細絲，將番茄醬拌入美乃滋調勻為沾醬。

3. 牡蠣依序裹上麵粉、沾上蛋汁、麵包粉，在手心上小心滾動調整成橢圓形。

4. 放冰箱冷藏 30 分鐘定型。

5. 炸鍋裡倒入耐高溫的芥花油，開中火加熱，當筷子的邊緣起小泡泡時，油溫約 160 ～ 170℃之間。

6. 分次將裹上麵包粉的牡蠣下鍋油炸。

7. 炸至麵衣呈現金黃色，即可起鍋。

8. 高麗菜盛盤，並擺上檸檬、巴西里做裝飾，炸鮮蚵沾上特製的沾醬就非常美味！

Tips

裹麵衣時，要用手心滾動方式，才不會將牡蠣捏破，裹上麵包粉之後，要放冰箱冷藏定型，下鍋時麵衣才會貼合不會散開。

04

軟體頭足類
Cephalopod

黑玉參

黑玉參不含膽固醇，有非常豐富的膠質及膠原蛋白，嚐起來 Q 彈好吃！一直以來都是名貴的聖品。適合快炒、燴煮、燉湯，是全家都非常需要的天然補品

冷藏區／黑玉參（525/1kg）

挑選法

好品質的黑玉參的海參參體有著鮮亮外型、呈現黑褐色及半透明狀，參體內外膨脹均勻呈圓形狀，肉質厚薄均勻，拿起黑玉參可以感受到它 Q 彈的觸感，有彈性又不會發黏且肉刺明顯，聞起來沒有特殊異味。

保存法

在 Costco 就能買到處理乾淨的黑玉參，買回家後可直接用食物密封袋依適當的份量分裝，放冷凍庫保存。解凍後再切成需要的大小塊，用熱水先汆燙洗乾淨，再開始下鍋料理。

2～3週
冷凍保存

放冷藏區
低溫解凍

這樣處理更好吃！

Tips 1　將切好的黑玉參先汆燙洗乾淨，口感更好吃！

Tips 2　搭配多種食材一起快炒，更嚐得到黑玉參豐富的軟 Q 膠質口感。

熟章魚

在 Costco 可以買到整隻已經煮熟的章魚，不用再費事自己煮至軟嫩，只需先解凍就可以做各式料理，例如涼拌章魚、煮章魚炊飯，都非常好吃！

冷藏區／熟章魚（599/1kg）

挑選法

熟章魚通常都是捕撈後馬上煮熟再急速冷凍，買的時候可挑選外形完整，吸盤無脫落，味道沒有腥臭味。

保存法 ## 切適合大小

買回家可先分切成需要的大小塊，再用食物密封袋分裝放冷凍庫保存。

2～3週
冷凍保存

放冷藏區
低溫解凍

這樣處理更好吃！

Tips 1 章魚的切法也是美味關鍵，喜歡有口感的話可以切成滾刀狀。

Tips 2 熟章魚搭配各式的蔬果，再淋上油醋醬汁就很爽口好吃。製作方法請見 P240 地中海油醋拌章魚。

Tips 3 運用炊飯料理，將米飯和章魚拌勻，米飯更有味道。製作方法請見 P242 章魚炊飯。

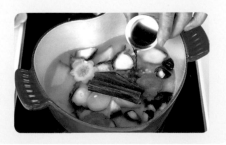

黑玉參

燴三鮮

這道菜常出現在辦桌和婚宴場合，但有時外面食物難免會加入味素來提味，
不如在家還原這道人人愛的料理吧！
善用食材來爆香，可以讓味道更加有層次。

236

食材／4 人份

- 黑玉參 1 隻
- 蝦仁 200g
- 花枝 200g
- 乾香菇 2 朵
- 蘆筍 3 根
- 玉米筍 5 根
- 紅蘿蔔 30g
- 青蔥 1 根
- 辣椒 1 根
- 蒜末 1 大匙
- 薑末 ½ 大匙
- 高湯 200cc
- 太白粉水 2 大匙

調味料
- 蠔油 ½ 大匙
- 烏醋 1 小匙
- 香油 1 小匙
- 米酒 1 大匙
- 鹽 ⅓ 小匙
- 細砂糖 ⅓ 小匙

作法

1. 青蔥切段、蘆筍去除粗梗再切段、玉米筍切段、辣椒切片。

2. 黑玉參切開去除內臟，洗淨後切成塊狀、乾香菇泡軟後切絲、花枝切花、紅蘿蔔切片。

3. 將花枝、蝦仁放入沸水中汆燙一下，馬上起鍋。

4. 黑玉參也下鍋汆燙一下，馬上起鍋。

5. 中小火熱鍋後，倒入 2 大匙食用油（份量外），將蔥白、香菇絲、辣椒、蒜末、薑末下鍋爆香。

6. 倒入高湯、黑玉參、紅蘿蔔片，以及加入所有的調味料拌勻，煮約 3 ～ 4 分鐘。

7. 再放入蝦仁、花枝、蘆筍、玉米筍拌炒均勻。

8. 加入太白粉水作勾芡。

9. 灑上蔥綠拌炒一下就可以熄火盛盤。

Tips

黑玉參含有豐富的膠質，本身沒什麼味道，非常適合搭配其他海鮮及蔬菜一起烹煮，食譜中使用的高湯可用市售的鰹魚高湯來替代。

黑玉參香菇鳳爪湯

鳳爪的營養價值極高，富含鈣質及膠原蛋白；而有大海美珍之稱的黑玉參，

不含膽固醇，是一種高蛋白低脂肪的食材，

這道料理非常推薦給年老長輩及女性朋友們來享用喔。

食材／4 人份

- 黑玉參 2 隻
- 雞腳 8 支
- 乾香菇 3 朵
- 薑片 2 片
- 水 1500cc
- 米酒 1 大匙
- 鹽適量

作法

1. 黑玉參切半，去除內臟後洗淨切成大塊。
2. 雞腳切小塊、乾香菇泡冷水軟化，備用。
3. 將黑玉參、雞腳用沸水汆燙一下，起鍋洗淨。
4. 準備一個湯鍋，放入雞腳、薑片、香菇，注入水。
5. 在爐火上先煮滾，再放入黑玉參。
6. 將湯鍋移至電鍋，外鍋放 1.5 米杯水，按下開關蒸煮。
7. 電鍋跳起後，倒入米酒，少許的鹽做調味，就可以享用。

Tips

黑玉參及雞腳含有豐富的膠質及營養元素，除了女性朋友常喝可以養顏美容，也非常適合全家大小一起食用。

熟章魚

地中海油醋拌章魚

來自地中海最美味的涼拌菜，也是夏天冰箱必備的常備菜，
章魚 Q 彈的口感佐上油醋醬汁，讓人在炎炎夏日也能有好胃口。
清爽的蔬菜兼顧了健康，當做早餐或開胃前菜都是好選擇喔～

食材／4 人份

- 熟章魚腳 2 根
- 珍珠洋蔥 6 顆
- 彩色甜椒半顆
- 小黃瓜 1 根
- 番茄 1 顆
- 檸檬 1 顆
- 蘿勒或九層塔少許
- 蒜粒 1 瓣

油醋醬汁

- 橄欖油 3 大匙
- 巴薩米克醋 1 大匙
- 鹽 ⅓ 小匙
- 黑胡椒粉 ½ 小匙
- 檸檬汁半顆份

作法

1. 珍珠洋蔥切片、彩椒切塊、小黃瓜切塊、蘿勒及蒜粒切碎。
2. 番茄切丁、檸檬刨出皮屑及榨出檸檬汁。
3. 熟章魚腳退冰解凍後，切小塊。
4. 用熱水將章魚腳汆燙一下。
5. 調製油醋醬汁，將所有材料拌勻即可。
6. 沙拉碗裡放入切好的章魚塊、蒜末及蔬菜。
7. 淋上油醋醬汁。
8. 將所有材料拌勻，灑上蘿勒、檸檬皮屑就可以享用。

Tips

拌好的沙拉可以放入冰箱冷藏 30 分鐘，會更入味又好吃。

章魚炊飯

一鍋到底的料理總特別吸引人，也是日本媽媽最擅長的料理，

樸實的炊飯融合了柴魚醬油、昆布及日式芝麻簡單的香氣；

配上章魚鮮美的味道來做妝點，我想大人小孩都會喜歡這樣純樸的味道喔！

食材／ 4 人份

- 熟章魚腳 2 根
- 白米 2 米杯
- 水 2 米杯
- 薑 2 片
- 昆布 5 公分 1 片
- 紅蘿蔔片 4 片
- 毛豆 1 大匙
- 豌豆適量
- 蔥花適量
- 焙煎芝麻粒少許
- 日式醬油 1 大匙

作法

1. 白米洗淨後，浸泡 20 分鐘瀝乾。
2. 熟章魚腳切小塊、豌豆先燙熟備用。
3. 放入米、紅蘿蔔片、薑片、章魚塊，以及倒入 2 米杯水。
4. 放入昆布、日式醬油 1 大匙。
5. 開中小火煮滾，將米粒及食材拌勻，可以防止米粒黏鍋。
6. 蓋上鍋蓋，轉小火煮約 10 分鐘，熄火後再燜 15 分鐘。
7. 將昆布取出切小塊，再加入飯裡拌勻。
8. 最後放入毛豆、豌豆，食用前再灑上芝麻粒、蔥花就完成。

Tips

這道章魚炊飯除了爐火直接烹煮，可煮出有鍋巴飯的口感之外，也可以在步驟 4 移至電鍋烹煮，外鍋放一米杯水，跳起再燜 15 分鐘。

小管

小管也稱為鎖管或小卷，含有豐富的蛋白質，卻幾乎沒有脂肪。無論是三杯料理，或是汆燙後直接沾五味醬，Q 彈又鮮甜的口感，怎麼煮都好吃！

冷藏區／小管（429/1kg）

挑選法

購買時，新鮮的小管外皮呈現完整、有光澤鮮潤感，按壓時肉質 Q 彈。

保存法　適量包裝

小管購買回來後可用真空包裝機或食物密封袋依料理份量分裝，放冷凍庫保存。料理前先解凍，將小管的內臟都清除乾淨，再依料理需求切成適當大小。

| 2～3 週
冷凍保存 | 放冷藏區
低溫解凍 |

FoodSaver 家用真空包裝機

這樣處理更好吃！

Tips 1 小管的切工也是美味關鍵！通常三杯料理都是切圈狀，快炒或涼拌切花（切成格紋狀）。

Tips 2 將汆燙熟的小管立即冰鎮，也是讓小管口感更加鮮甜的方法。

Tips 3 鮮甜的小管裹上酥脆的麵衣，搭配九層塔葉的香氣，最後灑上胡椒鹽超美味！

花枝丸

花枝丸是由魚漿加上花枝及澱粉做成的丸子，煮麵或是炒菜時加幾顆花枝丸可以增加不少口感，尤其炸花枝丸也是最佳下酒菜，吃火鍋時也不能少了它！

冷凍區／珍珍花枝丸（299/ 袋裝）

挑選法

購買花枝丸時，要注意包裝是否完整有無破損，內容物成份標示、產地、製造日期、以及有無解凍過，可避免購買到標示不完整的加工食品。

保存法

整包是冷凍包裝，買回家馬上放冷凍庫保存，只需解凍後就可以料理，是忙碌煮婦們的最愛。

| 2 ～ 3 週
冷凍保存 | 放冷藏區
低溫解凍 |

這樣處理更好吃！

Tips 1 花枝丸光是煎成焦香狀就非常好吃，可切成片狀炒青菜、炒麵、煮湯都很方便。

Tips 2 花枝丸整顆炸成金黃香酥狀，也是最佳下酒菜呢。

小管

三杯中卷

海產快炒店最熱門招牌菜就是三杯料理了！
說到三杯料理我們總想到三杯雞，將雞肉換成中卷則有不一樣的口感，
中卷清甜的味道與三杯料理看似相對，試過就知道兩者一點都不違和呢～

食材／ 4 人份

- 小管 1 尾
- 青蔥 2 根
- 辣椒 2 根
- 蒜粒 8 瓣
- 薑 15g
- 九層塔適量
- 食用油 1 大匙
- 黑麻油 1 大匙
- 米酒 2 大匙
- 黑胡椒粉 1 小匙

調味料

- 冰糖 ½ 大匙
- 醬油 1 大匙
- 醬油膏 1 大匙

作法

1. 青蔥切段、薑切片、辣椒切片。

2. 小管去除內臟，切成圈狀。

3. 鍋裡倒入 1 大匙食用油，將薑片、蒜粒下鍋，開小火慢慢煸香。

4. 煸至薑片邊緣捲曲，再倒入 1 大匙麻油。

5. 倒入小管，轉中火拌炒至表面焦香。

6. 倒入冰糖、醬油、醬油膏拌炒均勻。

7. 從鍋邊嗆入米酒。

8. 拌炒至小管入味。

9. 起鍋前，灑上黑胡椒粉，放入蔥段及九層塔拌炒均勻，就完成囉。

Tips

- 麻油不耐高溫烹煮，先用食用油煸香薑片及蒜粒，再加入麻油，可保留麻油的香氣。
- 烹煮三杯中卷時，不需要加入任何水，才能炒出美味又好吃的三杯料理。

小管佐五味醬

新鮮的小管最適合搭配五味醬了，五味醬跟海鮮料理一直都是絕配呢～
學會了五味醬作法，在家也能端出餐廳等級的海鮮料理，
喜歡吃海鮮的朋友絕不能錯過！

食材／ 4 人份

· 小管 1 尾
· 青蔥 1 根
· 檸檬 1 顆
· 薑片 3 片
· 米酒 1 大匙

五味醬

· 番茄醬 3 大匙
· 檸檬汁 2 大匙
· 醬油 1 大匙
· 細砂糖 1 大匙
· 蔥花 1 大匙
· 蒜泥 ½ 大匙
· 薑泥 ½ 大匙

作法

1. 小管除去外膜，去除內臟。
2. 將小管切花，切成薄片狀。
3. 青蔥切段，檸檬榨成汁，將五味醬的所有材料都先拌勻。
4. 煮一鍋熱水，放入蔥段、薑片、檸檬皮半顆。
5. 水滾後，放入小管及 1 大匙米酒。
6. 煮約 1 分鐘，小管變白色。
7. 將煮好的小管撈起。
8. 放入冰水中冰鎮，待小管冷卻後撈起瀝乾盛盤，淋上五味醬即可享用。

Tips

· 汆燙海鮮時，除了放入蔥、薑、米酒達到去腥提鮮之外，也可以加入檸檬皮喔！
· 小管很快就煮熟，起鍋後要馬上放入冰水中冰鎮，這樣口感會更 Q 彈又鮮甜。

台式鹽酥炸中卷

台式鹽酥口味的炸物，不論鹽酥雞或炸雞排一直都是人氣料理。

這道鹽酥炸中卷有著九層塔的香氣，酥脆 Q 彈的口感再沾上胡椒鹽，

配杯啤酒真是一大享受～

食材／2 人份

- 小管 1 尾
- 九層塔一大把
- 檸檬 1 顆
- 地瓜粉 1 米杯
- 蛋黃 1 顆
- 地瓜粉 1 大匙
- 胡椒鹽少許

醃料

- 薑泥 1 小匙
- 蒜泥 ½ 大匙
- 米酒 1 大匙
- 醬油 1 大匙
- 白胡椒粉 1 小匙
- 細砂糖 1 小匙

作法

1. 小管去除內臟，切成圈狀。

2. 將小管加入所有的醃料拌勻，放冰箱冷藏 1 小時使其入味。

3. 醃漬入味後，加入蛋黃、1 大匙地瓜粉拌勻。

4. 沾上地瓜粉，靜置 5 分鐘反潮。

5. 鍋裡倒入適量的油（份量外），以中火加熱，放一片九層塔葉測油溫。

6. 分次將裹上粉的小管下鍋。

7. 炸至表面金黃，即可起鍋。

8. 放入九層塔葉一起炸，小管的香氣更加美味。

9. 酥脆 Q 彈的鹽酥炸中卷灑上胡椒鹽，擠上少許檸檬汁更爽口好吃。

Tips

- 小管裹上粉，一定要靜置反潮，這樣麵衣會更貼合，下鍋油炸才會定型不吸油。
- 九層塔葉一定要擦乾水份，下鍋才不會產生油爆。

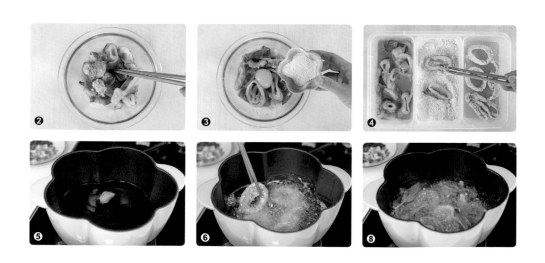

花枝丸

炸花枝丸佐檸檬胡椒鹽

這道炸花枝丸可說是絕佳小點心，也是最棒的下酒菜，

配上特製的檸檬胡椒鹽，清香的檸檬風味讓炸花枝丸吃起來更加爽口，

對愛吃炸物的朋友來說真是一大享受。

食材／2 人份

· 花枝丸 6 顆
· 檸檬半顆
· 海鹽適量
· 胡椒粉適量
· 芥花油適量

作法

1. 花枝丸需先解凍。

2. 檸檬洗乾淨外皮，用刨刀刨下半顆份量的檸檬皮，將刨下的檸檬皮放在海鹽裡，稍微搓出檸檬香氣。

3. 將檸檬鹽加入胡椒粉拌勻即為檸檬風味胡椒鹽。

4. 炸油鍋用筷子測試油溫，當筷子邊緣產生許多小泡泡，就代表油溫已達 160 ～ 170℃左右。

5. 下鍋前，將花枝丸的水份用廚房紙巾擦乾，再下鍋油炸。

6. 以中小火炸約 2 分鐘。

7. 炸至表面金黃就可以起鍋囉。

Tips

建議使用安心有履歷的檸檬，刷洗乾淨外皮，刨檸檬皮時不要刨到檸檬皮的白膜部份，不然會有苦味。

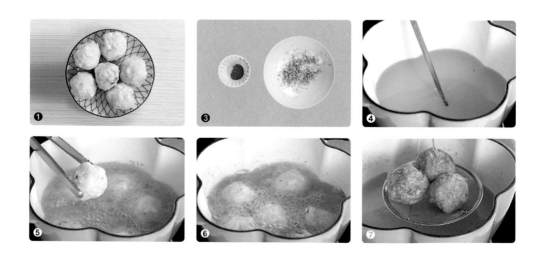

花枝丸炒韭菜花

韭菜花不管加豆干或海鮮拌炒都是一級棒，
這次搭配花枝丸更化身了一道懶人料理，
不需要太複雜的材料和步驟就可以快速上桌，是媽媽們必備的料理喔。

食材／ 4 人份

- 花枝丸 3 顆
- 韭菜花 250g
- 青蔥 1 根
- 辣椒 1 根
- 蒜粒 2 瓣
- XO 干貝醬 1 大匙
- 鹽少許
- 米酒 1 大匙
- 食用油 1 大匙

作法

1. 韭菜花去除粗梗部份，切成段狀、青蔥切段、辣椒及蒜粒都切片狀。
2. 花枝丸解凍後，表面淺劃三刀再切成片狀。
3. 中小火熱鍋後，倒入 1 大匙油，花枝丸片下鍋。
4. 花枝丸片煎至兩面金黃，推至鍋邊，蒜片、蔥白及辣椒下鍋拌炒。
5. 炒出香氣後，韭菜花也下鍋拌炒均勻。
6. 從鍋邊嗆入 1 大匙米酒。
7. 加入 XO 干貝醬，拌炒均勻。
8. 起鍋前放入蔥綠。
9. 試一下味道，不夠鹹就再放少許鹽做調味。

Tips

花枝丸加上 XO 干貝醬已有鹹味，可依照個人喜好調整鹹度。

05

即食炸物

Deep frying

炸物

在 Costco 除了採買生鮮,冷凍櫃也有多種炸物商品很不錯,可讓忙碌家庭煮婦們在料理時省事不少!將解凍後的炸物加熱後,搭配醬料或生菜,就能快速變化出一道道佳餚!

阿拉斯加野生鱈魚漢堡片(359/ 袋裝) 科克蘭炸蝦(749/ 袋裝)

花枝蝦餅(479/ 袋裝) 酥炸鱈魚塊(549/ 袋裝)

挑選法

挑選冷凍鮮食,首先要確認商品是否完全處於冷凍狀態,避免溫度差異造成解凍。外包裝需完整,無缺角及損壞,建議消費者養成習慣看清楚包裝上的成份說明、最佳烹調加熱方式、以及保存時間等標示。購買冷凍或冷藏商品時,最好自備食物保冷袋全程使用,將食材的鮮度完全保留。

保存法

通常買回來都是大包裝,可依照料理份量做分裝保存,或是要用多少就解凍多少,可用烤箱或是平底鍋加熱。

這樣處理更好吃!

科克蘭炸蝦

 Tips
可以直接放進烤箱烤,或是做成口袋三明治更加美味!

阿拉斯加野生鱈魚漢堡片

Tips 1 稍微解凍後可以直接下鍋煎至兩面金黃就能享用。

Tips 2 做成漢堡的夾餡再淋上特調醬汁，也超好吃！

花枝蝦餅

Tips 1 想吃披薩不用揉麵皮，用花枝蝦餅來替代餅皮，快速又好吃！

Tips 2 花枝蝦餅也可以變化成串燒，搭配各種蔬菜一起享用。

酥炸鱈魚塊

Tips 1 只需將酥炸鱈魚塊稍微解凍放進烤箱烘烤，或以油炸方式，口感超酥脆好吃。

Tips 2 將炸魚塊改用炒的，創意料理讓人驚艷！製作方式請見P272 避風塘香酥鱈魚。

阿拉斯加野生鱈魚漢堡片

起司鱈魚漢堡

漢堡給人的印象似乎都是不健康、高熱量，
但其實在家自己做，喜歡什麼蔬菜就放進去，營養又健康；
最後加上誘人的起司及鱈魚排，馬上輕鬆外帶！

食材／1 人份

- 阿拉斯加野生鱈魚漢堡片 1 片
- 漢堡餐包 1 個
- 小黃瓜適量
- 番茄適量
- 生菜適量
- 起司片 1 片

沙拉醬

- 美乃滋 3 大匙
- 黃芥末 1 大匙
- 酸黃瓜碎 1 小匙
- 黑胡椒粉少許

作法

1. 小黃瓜洗淨後，用刨刀刨成薄片、番茄切片。
2. 漢堡餐包橫剖切半，鱈魚漢堡片先取出解凍。
3. 調製沙拉醬：將切碎的酸黃瓜、美乃滋、黃芥末、少許的黑胡椒粉全部拌勻。
4. 漢堡餐包放入烤箱，烤熱即可。
5. 熱鍋後，放入鱈魚漢堡片，小火煎至兩面金黃就可起鍋。
6. 漢堡餐包鋪上生菜、番茄片，以及煎好的鱈魚漢堡片。
7. 放上起司片、小黃瓜片，淋上沙拉醬。營養美味的起司鱈魚漢堡就可以享用。

Tips

阿拉斯加野生鱈魚漢堡片除了直接用平底鍋煎熟，也可以用烤箱 200℃ 烤約 4 ～ 5 分鐘就能享用。

❷ ❸ ❹
❺ ❻ ❼

香酥鱈魚佐蜂蜜芥末醬

阿拉斯加野生鱈魚漢堡片口感非常香酥美味，
除了做成漢堡超好吃之外，也可以做成輕食餐點享用，
搭配特調的蜂蜜芥末醬，是餐桌上最佳的餐點呢。

食材／ 2 人份

· 阿拉斯加野生鱈魚漢堡片 2 片
· 小黃瓜 1 根
· 小番茄適量
· 水果甜椒適量
· 綜合生菜適量

蜂蜜芥末醬

· 黃芥末醬 3 大匙
· 蜂蜜 1 大匙
· 檸檬汁 1 大匙
· 蒜末 ½ 小匙

作法

1. 鱈魚漢堡片先取出解凍。

2. 將小黃瓜、番茄、彩椒都切片。

3. 調製蜂蜜芥末醬：將所有材料都拌勻。

4. 小火熱鍋後，將鱈魚漢堡片下鍋。

5. 煎至兩面金黃上色，即可起鍋。

6. 以生菜蔬果做配菜，放上煎好的鱈魚漢堡片，食用時可沾上蜂蜜芥末醬。

Tips

鱈魚漢堡片也可以用烤箱烘烤至金黃上色。

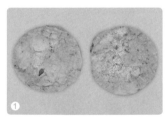
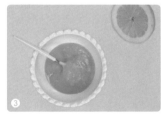

科克蘭炸蝦

炸蝦口袋三明治

科克蘭炸蝦好吃又方便，非常適合製作口袋三明治，

能放入自己喜愛的蔬菜，無論是早午餐或輕食餐點，

還能快速變化出炸蝦各式料理呢～～

食材／ 2 人份

- 科克蘭炸蝦 4 尾
- 厚片吐司 2 片
- 生菜少許
- 紅椒片少許
- 酪梨 1 顆

沙拉醬

- 美乃滋 2 大匙
- 番茄醬 1 大匙

作法

1. 將厚片吐司一邊切去外皮，用刀子從吐司中間小心切，吐司三邊保留 1 公分不要切斷，就完成口袋狀。

2. 酪梨剖半，取出籽及剝去外皮，切成片狀，可淋上少許檸檬汁防止酪梨果肉氧化變色。

3. 烤箱先預熱至 180℃，科克蘭炸蝦可稍微解凍，再和口袋吐司一起放在烤盤上，再送進烤箱。

4. 烘烤約 5 ～ 6 分鐘，烤至炸蝦及吐司表面金黃即可出爐。

5. 調製沙拉醬，將美乃滋及番茄醬拌勻即可。

6. 烤好的口袋吐司，放入生菜、酪梨片。

7. 再依序放入紅椒片、炸蝦。

8. 淋上沙拉醬就可以享用。

Tips

科克蘭炸蝦只要取出需要的份量，放進烤箱或是油炸加熱就能享用。

炸蝦沙拉手卷

鮮蝦手卷不稀奇了，炸蝦手卷更厲害！
烘烤過的炸蝦省去了備料下油鍋的作業，
只要準備幾樣簡單的手卷食材，創意料理立刻上桌～

食材／ 3 人份

- 科克蘭炸蝦 3 尾
- 海苔片 3 片
- 高麗菜絲適量
- 小黃瓜 1 根
- 水果甜椒適量
- 沙拉醬適量

作法

1. 將高麗菜、小黃瓜、水果甜椒都切絲。

2. 科克蘭炸蝦稍微解凍放進烤箱。

3. 烤箱以 180℃ 烘烤約 4 ～ 5 分鐘，烤至蝦子酥脆就可以出爐。

4. 海苔片捲成甜筒狀，放入蔬菜絲。

5. 放入烤好的炸蝦。

6. 淋上沙拉醬就能享用。

Tips

科克蘭炸蝦稍微解凍後，送進烤箱烘烤至酥脆就能享用，除了做成沙拉手卷，搭配蕎麥麵、烏龍麵，或是咖哩料理也非常方便又快速！

花枝蝦餅

海洋風味披薩

花枝蝦餅料理非常美味又好吃，可直接煎或是烤成披薩都很受歡迎，

利用花枝蝦餅當披薩餅皮，吃得到餅皮的香味又不過度搶味，

很適合假日跟小朋友一起實作呢～

食材／ 2 人份

· 花枝蝦餅 1 片
· 熟蝦仁 12 尾
· 義大利麵醬 2 大匙
· 乳酪絲 80g
· 鳳梨片適量
· 紅椒適量
· 甜豌豆適量
· 義式香料粉少許
· 帕瑪森乳酪粉少許

作法

1. 花枝蝦餅解凍後，下鍋煎至兩面上色，起鍋放涼。

2. 將花枝蝦餅放至鋪有烘焙紙的烤盤上，塗抹一層義大利麵醬，放上熟蝦仁、鳳梨片。

3. 依序放上先燙熟的甜豌豆、彩椒、灑上乳酪絲。

4. 放進事先預熱的烤箱，烤溫 200℃烘烤約 12 分鐘。

5. 烤至乳酪呈現金黃色即可出爐。

6. 灑上帕瑪森乳酪粉、義式香料粉就能享用。

Tips

花枝蝦餅只需稍微解凍就能下鍋煎，好吃又方便。

 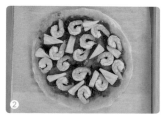 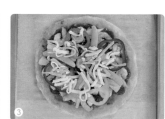

花枝蝦餅燒烤串

燒烤總是各種肉類，偶爾換換新口味吧～

吃得到花枝和鮮蝦的花枝蝦餅，有別於重口味的燒烤串類，

讓你在燒烤時也能嚐到一股清新簡單的味道。

食材／2 人份

· 花枝蝦餅 1 片
· 蔥白 3 根
· 甜椒適量
· 檸檬半顆
· 黑胡椒粉少許
· 泰式甜辣醬（內附）

作法

1. 彩椒切成小片、蔥白切段、檸檬切片。

2. 準備好的花枝蝦餅、還有內附的泰式甜辣醬。

3. 熱油鍋，將花枝蝦餅下鍋煎至兩面金黃，起鍋。

4. 彩椒及蔥白也下鍋略煎上色。

5. 將煎好的花枝蝦餅切成小塊狀。

6. 用燒烤竹籤串起，撒上黑胡椒粉，食用前沾上甜辣醬，以及擠上少許的檸檬汁會非常好吃。

Tips

這道花枝蝦餅的創意吃法，非常適合派對的小點心。

酥炸鱈魚塊

避風塘香酥鱈魚

以麵包粉來做避風塘料理，不只材料好取得，整體味道和口感也十分的棒。
酥脆的鱈魚塊在避風塘料理的手法下更加分，是一道充滿創意的料理。

食材／ 4 人份

- 酥炸鱈魚塊 6 塊
- 蔥 2 根
- 辣椒 1 根
- 蒜末 2 大匙
- 薑 1 片
- 麵包粉 30g
- 海鹽 1 小匙
- 胡椒粉 ½ 小匙
- 食用油 1 大匙

作法

1. 蔥切成蔥白、蔥花，薑切碎、辣椒切碎。
2. 鍋裡倒入適量的油（份量外），開中小火熱油鍋，再將鱈魚塊下鍋。
3. 炸至酥脆，即可起鍋備用。
4. 另起一鍋，倒入 1 大匙油，以中小火將蔥白、蒜末、薑末、辣椒爆香。
5. 再倒入麵包粉拌炒。
6. 炒至麵包粉呈現金黃香酥。
7. 放入鱈魚塊一起拌炒，加入鹽、胡椒粉做調味。
8. 起鍋前，灑上蔥花就完成囉。

Tips

以麵包粉來製作避風塘料理，簡單又好上手，口味一點都不輸正統作法喔！

英式炸魚薯條

炸魚薯條源自於英國,是著名的外帶美食,直到現在都深受大家喜愛;
塔塔醬帶著些許酸味,與鱈魚和薯條互相呼應,
最適合配上啤酒與好友一同分享。

食材／2 人份

- 酥炸鱈魚塊 3 塊
- 馬鈴薯 1 顆
- 鹽少許
- 黑胡椒粉少許

塔塔醬

- 美乃滋 60g
- 洋蔥 10g
- 酸黃瓜 10g
- 水煮蛋 1 顆
- 檸檬汁 1 大匙
- 黃芥末醬 ½ 大匙
- 巴西里少許
- 鹽少許
- 黑胡椒粉少許

作法

1. 馬鈴薯去皮切 1 公分長條狀，薯條先泡水 10 分鐘去除澱粉質，瀝乾擦拭水份。

2. 水煮蛋、酸黃瓜、巴西里、洋蔥都切碎。

3. 調製塔塔醬：將所有材料都拌勻。

4. 鱈魚塊不需退冰。熱油鍋後，直接將鱈魚塊下鍋油炸，炸至金黃酥脆，起鍋。

5. 沿用原鍋，將薯條下鍋，先炸至表面上色，起鍋。

6. 再次將薯條下鍋，炸至金黃即可起鍋，灑上鹽及黑胡椒粉調味。

Tips

- 塔塔醬可放冷藏保存 2 ～ 3 天。
- 鱈魚塊本身已經是熟的，下鍋炸時只需炸至酥脆就可以食用。

延伸料理

昆布蘿蔔燉肉

昆布不只可製作高湯，更可以做出各式好吃的煮物，

在日本家庭料理，昆布獨特甘甜的味道很受到主婦們的喜愛！

就燉一鍋昆布蘿蔔燉肉與家人一同分享吧！

食材／4 人份

- 昆布 30g
- 五花肉 300g
- 白蘿蔔 300g
- 蒜苗 2 根
- 辣椒 1 根
- 薑片 2 片
- 紅蘿蔔片 3 片
- 昆布高湯 80cc

調味料

- 醬油 3 大匙
- 味霖 1 大匙
- 清酒 3 大匙
- 黑胡椒粉少許

作法

1. 昆布用廚房紙巾擦拭表面即可。
2. 用乾淨的冷水將昆布泡軟，約 30 分鐘後取出，剩下的湯汁留下高湯使用。
3. 將泡軟的昆布切小段打成結，或是切塊狀、蘿蔔去皮切塊、蒜苗及辣椒切斜片。
4. 五花肉切塊，約 2 公分的厚度。
5. 開中小火熱鍋後，將五花肉煸至兩面金黃，把油脂釋出。
6. 放入薑片、辣椒及白蘿蔔、倒入調味料拌炒上色。
7. 倒入昆布高湯煮滾，蓋上鍋蓋，轉小火慢燉45分鐘。
8. 五花肉煮軟嫩後，放入昆布、紅蘿蔔片再煮約7分鐘。
9. 熄火前，放入蒜苗就可以盛盤。

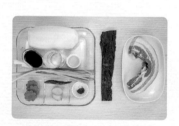

Tips

- 昆布絕不能用水洗，表面上白色結晶「昆布粉」是昆布成分甘露醇析出而成，屬自然現象，也是昆布甘甜味的來源，更有鮮甜味。
- 昆布不建議烹煮太久，口感會變太軟，建議完成前 7 分鐘再加入，隔餐一樣非常好吃又入味。

昆布毛豆五色煮

五色煮裡面有多種蔬菜，補足身體需要的各種營養；
肉末炒香後再燉煮，讓整體看似清淡卻有豐富的味道，
也是非常棒的便當菜。

食材／4 人份

- 昆布 20 公分 1 片
- 豬絞肉 150g
- 毛豆（熟）50g
- 牛蒡 50g
- 紅蘿蔔 50g
- 昆布高湯 30cc

調味料

- 醬油 2 大匙
- 味霖 2 大匙
- 清酒 2 大匙

作法

1. 昆布用廚房紙巾擦拭一下，用冷水浸泡至軟化，剩下的湯汁可留做高湯使用。
2. 牛蒡用捏成一團的錫箔紙，輕鬆刮去外皮。
3. 昆布、紅蘿蔔、牛蒡都切成 1 公分的小塊狀。
4. 中小火熱鍋，放入豬絞肉乾炒至上色。
5. 放入昆布、紅蘿蔔塊、牛蒡塊下鍋。
6. 拌炒均勻，炒至紅蘿蔔及牛蒡都熟。
7. 倒入調味料拌炒均勻。
8. 炒入味後，放入熟的毛豆。
9. 拌炒均勻就可以熄火。

Tips

- 昆布保存方式：把昆布切成適當的大小，放入密封容器中，保存於低濕度、通風處即可。一般來說，昆布不需要放冰箱，不過台灣夏季、冬季較潮濕，建議放入冰箱冷藏或冷凍，能夠延長保鮮期限。
- 想要縮短昆布高湯的製作時間，可以把昆布切絲，釋出味道的效果會比較好。
- 牛蒡切好可放在加了白醋的清水裡浸泡，可防止氧化變褐色。

2AB855

Costco 海鮮料理 好食提案

🐟 百萬網友都說讚！一次學會各式海鮮挑選、分裝、保存、調理包、精選食譜110+ 🦐

作者	張美君（AMY）
責任編輯	李素卿
主編	溫淑閔
版面構成	江麗姿
封面設計	走路花工作室
行銷企劃	辛政遠、楊惠潔
總編輯	姚蜀芸
副社長	黃錫鉉
總經理	吳濱伶
發行人	何飛鵬
出版	創意市集
發行	城邦文化事業股份有限公司 歡迎光臨城邦讀書花園 網址：www.cite.com.tw
香港發行所	城邦（香港）出版集團有限公司 香港灣仔駱克道 193 號東超商業中心 1 樓 電話：(852) 25086231 傳真：(852) 25789337 E-mail：hkcite@biznetvigator.com
馬新發行所	城邦（馬新）出版集團 Cite (M) Sdn Bhd 41, Jalan Radin Anum, Bandar Baru Sri Petaling, 57000 Kuala Lumpur, Malaysia. 電話：(603) 90578822 傳真：(603) 90576622
印刷	E-mail：cite@cite.com.my
定價	凱林彩印股份有限公司 2018 年（民 107）9 月 Printed in Taiwan 定價 420 元

版權聲明

本著作未經公司同意，不得以任何方式重製、轉載、散佈、變更全部或部分內容。

若書籍外觀有破損、缺頁、裝訂錯誤等不完整現象，想要換書、退書，或您有大量購書的需求服務，都請與客服中心聯繫。

客戶服務中心

10483 台北市中山區民生東路二段 141 號 B1

服務電話 （02）2500-7718、（02）2500-7719

服務時間／周一至周五 9：30 ～ 18：00

24 小時傳真專線（02）2500-1990 ～ 3

E-mail：service@readingclub.com.tw

詢問書籍問題前，請註明您所購買的書名及書號，以及在哪一頁有問題，以便我們能加快處理速度為您服務。

我們的回答範圍，恕僅限書籍本身問題及內容撰寫不清楚的地方，關於軟體、硬體本身的問題及衍生的操作狀況，請向 原廠商洽詢處理。

廠商合作、作者投稿、讀者意見回饋請至

FB 粉絲團・http://www.facebook.com/InnoFair

Email 信箱・ifbook@hmg.com.tw

國家圖書館出版品預行編目資料

Costco 海鮮料理好食提案：百萬網友都說讚！一次學會各式海鮮挑選、分裝、保存、調理包、精選食譜 110+【附一次購物邀請證】/ 張美君（AMY）著 . - 初版 . -- 臺北市：創意市集出版：城邦文化發行 , 民 107.09 面； 公分

ISBN 978-957-9199-19-3(平裝)

1. 海鮮食譜 2. 烹飪

427.25　　　　　　　　　　　107010434

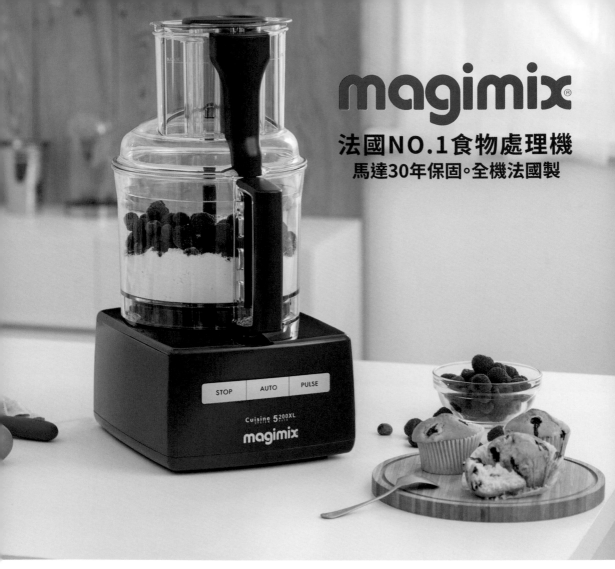

magimix®

法國NO.1食物處理機

馬達30年保固。全機法國製

Cuisine 5200XL

magimix

擁有法式靈魂的完美配備 ————

設計、製造皆來自美食應許之地「勃根地」，從食材到餐桌佳餚的處理過程有其高品質的堅持，不但一機多功能，可剁碎、混和、揉捏、攪拌、乳化、打發蛋白、切片及刨絲等，其省時高效率的主廚級效能是您備料的好幫手，專業馬達具有 30 年的保固承諾，使其成為眾多法國家庭的傳家之寶。

The MOST USED OIL BRAND BY CHEFS IN ITALY*

奧利塔為義大利最多主廚
使用的食用油品牌

根據2017年尼爾森公司調查

*Claim based on research
conducted by Nielsen from
September 21 to October 4 2017,
600 interviews to Restaurant,
Pizzeria and Hotel with kitchen,
+/-3.1 pp at 95%

美膳雅・品味生活

Cuisinart®

CookFresh 美味蒸鮮鍋

顛覆你對 蒸 的想像

蒸 的健康 蒸 的快速 蒸 的美味！

國內外雙料
設計大獎

專利設計

快速加熱

聰明省電

食材原味

智慧烹調

耐熱玻璃

30秒噴射蒸氣加熱

自動斷電安全裝置

100% 鎖住食材養份

內建6種烹調模式

玻璃容器吃的安心

Costco
海鮮料理 好食提案

 百萬網友都說讚！

**一次學會各式海鮮挑選、
分裝、保存、調理包、精選食譜110+**

（ 請 沿 此 虛 線 摺 疊 ）

廣　告　回　信
台灣北區郵政管理局登記證
台 北 廣 字 第 000791 號

創意市集
INNO-FAIR

Costco 海鮮料理好食提案：百萬網友都說讚！
一次學會各式海鮮挑選、分裝、保存、調理包、精選食譜 110+
【附一次購物邀請證】

10483 台北市中山區民生東路二段 141 號 7 樓
創意市集抽獎活動小組 收